JN059232

ALAが創る未来

「生命の根源物質」でバイオと医療・健康に貢献する

SBIホールディングス代表取締役社長
北尾吉孝
＋
「ALAの未来」を考える会

PHP

はじめに〜本書の刊行目的について〜

これまで私は「公益は私益につながる」という考え方のもと、「世のため、人のため」になる事業に誠心誠意取り組んできました。SBIグループのコア事業である金融サービス事業はもちろんのこと、アセットマネジメント事業においてもそうです。

21世紀の直前に、この企業グループを立ち上げたわけですが、私たちの経営理念の一つに、「新産業クリエーターを目指す」ことを掲げました。日本が得意とした「ものづくり」は、新興国へ移行せざるを得ない状況があり、産業の大転換を迫られている時代だったからです。

日本は21世紀の成長産業であるITとバイオテクノロジー、さらにはエネルギー産業といった領域に、より力を注いでいくべきだ。SBIグループによる投資も、それらの成長分野に常に注意を払っていくべきだ。そのように考え、事業を展開してきました。

そうして20年ほどの月日が経つと、日本はいつしか「課題大国」といわれるようになっていました。多くの国家的課題のなかでも、「少子化・超高齢化」や「地方過疎」の問題はあらゆる方面に影響を及ぼすものになっています。

SBIグループはそのような社会変化・動向を見据えつつ、時流に先んずることによって成長を維持してきたのですが、そのなかでも、売上規模はまだ小さなものですが、私自身が特別な思いをもって始めたバイオ関連事業が本書の主題です。

バイオテクノロジーという分野は、その進展がますます期待されるものになっているように思われます。SBIグループがバイオ関連事業に進出したのは2007年ですが、2009年には、OECDにより、2030年の世界のバイオ市場は加盟国のGDPの2.7%（約1.6兆ドル）に及ぶだろうという予測報告がなされました。その後に次々と、欧米先進国が「バイオエコノミー」に関する国家戦略を発表しました〈OECD「The Bioeconomy to 2030」。経済産業省「バイオテクノロジーが生み出す新たな潮流（平成29年2月）」による〉。

国家の戦略でもあるこの有望な成長領域にSBIグループも事業として早期に乗り出したのです。そしてその私たちのバイオ関連事業の成否のカギを握るのが、5-アミノレブリン酸という化合物、通称「ALA（アラ）」です。

ALAは、体内のミトコンドリアでつくられるアミノ酸であり、ヘムやシトクロムと呼ばれるエネルギー産生に関与する機能分子の原料となる重要な物質で、人間を含む動物が生きていくためになくてはならない重要な働きをもつものです。研究を進めると、ALAは加齢に伴い生産量が低下すること、さらに焼酎粕や赤ワイン、高麗人参などの食品にも含まれることがわかってきたほか、植物の葉緑素の原料としても知られるようになってきました。私たちは、このALAを活用して健康や医療、農業などに貢献していこうとしています。

ALAを用いた具体的な機能性表示食品として、「アラプラス 糖ダウン」や「アラプラス 深い眠り」といった商品があります。他には、運動機能、認知といったものを改善・サポートするALA配合の機能性表示食品や健康食品なども発売しており、ドラッグストアなどでの取り扱いも順調に拡大しています。

そうした事業も含むバイオ関連事業を、SBIグループでは成長分野の一つと位置づけ、長期的視野に立ってグローバル展開を推し進めており、その中心となるSBIアラファーマという会社では、社長として自ら事業の育成にあたっています。

このALA事業を展開するなかで、多くの優れた研究者や医師の方々にお会いしました。なかでも、特に縁の深い方々、これまで「ALA」の価値に惹かれ、それぞれの仕事のなかで重要な位置づけをされている方々に集結してもらい、「『ALAの未来』を考える会」という特別プロジェクトを、本書刊行のために結成、それぞれ寄稿いただくことになりました。

参加いただいた執筆メンバーの方々には、それぞれの専門分野から最先端の事情をふまえたうえで、一般読者向けのいわば「誌上セミナー」としてわかりやすく講義をしてもらっています。「ALA」がどのような価値をもち、可能性を秘めているのかについての知識をこの機会を通じて得ていただいて、皆さんの平生の生活に活かしてもらえたらと思っています。

2020年10月

北尾吉孝

ALA（アラ）が創る未来

目次

II部　医療と健康の最前線における「ALA（アラ）」

I部

「ALA（アラ）」とバイオ関連事業の可能性

第 1 章

「ALA」が創る未来
——日本のバイオと医療・健康に貢献する

SBIホールディングス代表取締役社長
北尾吉孝

私と「ALA」の出会い

5-アミノレブリン酸（ALA）の魅力を知っていただくには、なぜ私がALAに惹きつけられたのか、そして事業として取り組むことになったのかを知ってもらうことが手っ取り早いでしょう。

「縁尋機妙」という言葉があります。日頃より私淑する思想家であり教育者でもあった安岡正篤先生（故人）が大事にされていた言葉の一つです。良い縁がさらに良い縁を尋ねて発展していく。不可思議なるも素晴らしいその有り様をいうものですが、その語義の通り、良い人との縁が、ビジネスにおいても非常に重要であることを、私は常々実感してきました。

大学を卒業後に、長年つとめた野村證券を辞めて、ソフトバンクの孫正義さんと一緒に仕事をすることになったのがその最たるものかもしれません。そこには、野村證券時代の縁がありました。

そして2008年にALA関連事業進出に踏み切るきっかけをつくってくれたのも「縁」でした。交流のあった多くの経営者のなかでも、コスモ石油の会長に就任していた岡部敬一郎さんとは特に親しい間柄でした。野村證券在籍時代には主幹事にしていただくなど、当時社長であった木村彌一さんと同様、大変お世話になりました。

ある日、その岡部さんに「コスモ石油には宝物があるんだ」と紹介されたのがALAでした。ALAが人体で果たす役割については、本章最後のコラム「ALAとは何か」を見てもらいたいのですが、1950年代には電子伝達系において重要な役割を果たしているのではないかと考えられていました。しかし、大量生産する方法がなく、研究者でさえ非常に高額で購入しなければならない状況でした。

その課題解決に突破口を開いたのが、コスモ石油の中央研究所に当時在籍していた田中徹さん（元SBIファーマ副社長）でした。彼らの画期的な研究成果により、コスモ石油のバイオ研究開発事業から生まれた農業用肥料「ペンタキープ」（現在は誠和から発売）にALAが活用されています。ALAを植物に与えると繁茂する。その研究をさらに発展させていくなかで、田中さんは人間のヘルスケアへの活用の可能性を見いだすことになりました（第3章参照）。

一方で医薬品をつくるには多額なコストがかかります。それでも岡部さんから打診があった時点で、私は大いに関心を持ったのです。というのも、「将来は分子生物学に携わる仕事をしたい」という夢を高校時代に持っていたからです。実際に、大学は医学部を受験しました。当時、慶應義塾大学医学部には渡辺格教授という分子生物学の第一人者がおられて、そこで学問をしたいという夢があったのです。しかし残念ながら合格できず、経済学部に入学したという経緯がありました。ですからその後も、バイオテクノロジーや医療といったものに強い関心を持ち続け、様々な情報源からそれなりの知識も得るようにしていました。

「ALA」の可能性を信じて事業化へ踏み込む

私はALAに関する多くの文献を調べ、研究者にもよく話を聞いて、様々な情報を入手しました。そうするうちに、ALA

が植物や動物、そして人間を含めたあらゆる生物に恩恵をもたらす可能性がみえてきたのです。

まずALAは、体内でつくっているものであり、細胞内で機能しているものなのだから、毒性は低いはずと考えました。また、食物を摂取して得たエネルギーを、ミトコンドリアが体内で利用できる形に変換する過程で、極めて重要な役割を果たしており、生物が生きていく上で欠かすことのできない物質であることがわかりました。それが、36億年前の原始の地球に生まれ、生命の誕生に関与したとされ、「生命の根源物質」といわれるゆえんです。

細胞内のミトコンドリアについての研究は、医学・生理学の分野でかつては世界的な主流でしたが、1962年のノーベル賞受賞者であるジェームス・ワトソンが、DNAの二重らせん構造を解明してからは、細胞の研究者たちの多くがDNAのほうへ研究の主軸を移していった歴史があるといわれています。

そういう流れのなかで、山中伸弥先生が世界に先駆けて作成したiPS細胞がその研究の頂点にたどり着いたともいえるのですが、これからの研究はもう一方の人類の課題である細胞の老化防止というテーマへ向かっていくのではないか、人類はこの契機にもう一度、細胞レベルの研究に戻る必要があるのではないかと考えるようになりました。

そして、人間がALAをつくる能力は17歳をピークとして、漸減していく、つまり老化により不足していくということも知り得ていました〈ALAサイエンスフォーラム第2回マスコミセミナー（近藤雅雄・現東京都市大学名誉教授の発表）による〉。健康長寿を目指す医学としてのアンチエイジングに、ALAはどのような価値と可能性をもつのだろうか、ということに深く関心をもつようになりました。

あわせて、これまでの近代医学は、治療に焦点があてられており、「アンチバイオティクス（抗生物質）」や「ステロイド」の開発は、確かに人間の健康維持に重要な役割を果たしてきたのですが、これからは、「免疫力」を向上させる、予防医学にも寄与する研究がより大きな役割を担うようになるのではないかとも思うようになりました。

ちなみに「免疫力」の向上についていえば、例えば風邪をひいて熱が出て、体温が上がるのはある意味、よいことでしょう。身体が病原菌と闘っている、つまり免疫が働いている状態だからです。「熱が出たら、すぐに解熱剤」ということでは、闘う力が養われないと思うのです。

また「医食同源」といって、伝統的に「医（健康維持・管理）」と「食（食物）」を密接に関連づけてきた中国には、身体を冷やす働きがある「陰」のものを食するときには、同時に「陽」の身体を温めるものも食して、陰陽のバランスをとるという伝統的な考え方もあります。

こうした東洋医学の知識からも、体温を上げる食物や健康サプリメントをとることの大切さを私は理解していたのですが、細胞を活性化してエネルギー産生に貢献するALAは人間の体温を上げることにも活用できるとされています〈第65回日本栄養・食糧学会大会（2011年5月13-15日開催）堀ノ内泉他による一般演題「ヒトにおける5-アミノレブリン酸摂取がエネルギー代謝へ及ぼす影響について」による〉。ですから免疫力を向上させるといった人類の健康増進にも寄与する可能性をイメージできるようになっていました。

今でも、もしも老化のスピードを落とすことができたなら、それ自体が免疫力の強化につながるはずだと私は考え、免疫やアンチエイジングなどの分野で新しい論文が発表になるたびに、その動向を注視しています。ALAに関わるような情報であればなおさらのことです。

そして私が、この免疫力の大切さをさらに確信することになったのは、2014年に、本庶佑先生の研究成果により開発され発売されることになった免疫チェックポイント阻害薬「ニボルマブ」という、「抗体医薬」の登場でした。

本庶先生の素晴らしい研究により明らかになったのは、免疫力が最終的にはがんを殺す、ということだと私は認識しています。「抗体医薬」である免疫チェックポイント阻害剤により、がん細胞によってブレーキをかけられていた免疫機能が活性化して、ナチュラルキラー細胞などが、再びがんを殺していくことができるようになる。だから、がんを治すにはやはり免疫というものが大事なのではないでしょうか。余談ですがそれは、新型コロナウイルスのような感染症においても同じではないかとも考えています。

以上のような様々な条件が折り重なって、私はコスモ石油とのジョイントベンチャーの形でALA関連事業を立ち上げ、広く展開することにしたのです。

医療・健康・美容分野で
可能性が開花し始めた「ALA」

事業を始めてから見えてきたことは、「ALAの効果・効能には多様性があるのではないか？」ということでした。

いろいろな病気だけでなく、人間の化粧品や健康食品にも、さらには動物にも活用できるのではないか——。そうした可能性に広がりがあるものを取り扱うことは、経営者としては、ある意味、「やりやすい」ものでした。

例えばALAを配合した化粧品や健康食品を研究開発し、売り出し、販売拡大していくことから得られる利益を、長期的な研究開発へ回していくことができるからです。実際にその販売を担うSBIアラプロモが、新たな機能性表示食品の開発を加速させ、多少の利益を出せるようになってきました。

また、SBIファーマが手掛けるALAに関わる研究開発は、その可能性をどんどん広げています。例えば、抗がん剤の「シスプラチン」は、腎機能障害といった副作用を考慮しないといけない医薬品ですが、そこでも、併用剤として、ALAに可能性を見いだせるのではないかとして、治験を進めています。

本書に寄稿いただいている慶應義塾大学の伊藤裕先生は、サルコペニア治療におけるALAの有効性について研究を進められています（第7章参照）。動物実験では良い結果を得られたとのことで、今後に期待しているところです。小児の難病として知られるミトコンドリア病にも、ALAが役立つのではないか。その可能性を求めて、埼玉医科大学教授大竹明先生が中心となって、医師主導治験が進められてきました（第10章参照）。

さらにSBIファーマは、ALAを、他成分や医療機器と組み合わせることで、多岐にわたる作用を示すセラノスティクス医薬品（治療と診断の双方ができる医薬品のことをいう）としての可能性を日々追求しています。また畜産・水産用飼料やペット用健康食品の開発にも着手しています。

振り返ると、ALAを活用した医薬品の研究開発に関して、私たちはまず、脳腫瘍の術中診断薬から始めました。2013年9月にSBIファーマから第1号の医薬品として、脳腫瘍の光線力学診断用剤を日本で上市しました（現在、SBIファーマでの販売は終了）。創業からわずか5年でのことですから、医薬品業界では非常にスピード感のある仕事でした（脳腫瘍については第9章参照）。

2017年12月には、膀胱がんの術中診断薬としてALA製剤を製品化、中外製薬に国内独占販売権を提供して、日本の医療現場に広めてもらっています（膀胱がんについては第8章参照）。

またグループ企業であり、主力商品としてきた脳腫瘍の術中診断薬であるALA内服剤と日光角化症治療薬であるALA外用剤を販売するSBIアラファーマの完全子会社である独フォトナミック社は、米国に子会社をもっていて、ALA内服剤は、2018年10月から米国での販売も開始しています。このALA内服剤はすでに世界40カ国以上もの国々で現地のパートナーを通じて販売されており、つい最近カナダでも認可され、今後もより広くグローバルに展開していきます。日本ではあまり知られていないかもしれませんが、白色人種にとって皮膚がんは身近なもので、日光角化症という皮膚がんへの移行の可能性が高いこの恐ろしい病気の治療にも、ALAが活用されているのです。

健康でありたい。それは世界中のすべての人に共通する願いであります。そしてその願望に対する応用範囲の広さ、多様性がALAには秘められています。だからこそ、ALAを核とするバイオ関連事業を、SBIグループの成長分野の一つと位置づけ、選択と集中の経営を進めているのです。

SBIグループ入社式で私は毎年訓示をしていますが、2020年はコロナ禍のなかでも万全の安全衛生を整え、集合し、執り行いました。そこで私は、「天命を受けたらまずは、この世にこうして生まれたこと自体に感謝をし、そしてそれがゆえに、後世への『遺産』を残すべく、研鑽を積み重ねてもらいたいと思う」と発信しました。

私自身は、このALA事業を続けることで、人類社会に何らかの「遺産」を残すことを自らの天命の一つとして肝に銘じ、研鑽を重ねているのです。

コラム

ALAとは何か

人体とALA　ALAは人体でつくられる天然のアミノ酸で、ミトコンドリアでつくられます。体内でミトコンドリアは、食物と酸素からたくさんのエネルギーを取り出すという、生きていくために、なくてはならない活動をしています。そしてミトコンドリアの中で、ALAはエネルギー源であるATPを生み出すための中心的な働きをしています。

ALAの性質　ALAとは正式には、5-アミノレブリン酸といいます。ALA自体はアミノ酸の一種で、地球上の植物や動物など多くの生物が自然につくり出しており、赤ワイン、吟醸酒、緑茶などの食品にも含まれています。

ALAは8個集まるとポルフィリンという化合物になります。動物ではポルフィリンと鉄が結びついてヘムという物質になり、血中へ移動してヘモグロビンの構成要素になって酸素を運んでいます。植物ではポルフィリンはマグネシウムと結びついて葉緑体の構成要素になっています。このように、ポルフィリンは動物でも植物でも、生命維持活動の中心になっています。

ミトコンドリアとALA　ミトコンドリアは、すべての細胞に2,000個ほど存在しているといわれています。ALAはミトコンドリアの中でつくられますが、つくられた一つひとつのALAはいったんミトコンドリアから細胞内へ排出されます。そして、細胞内でALAが8個結合してポルフィリンになると、再びミトコンドリアの中に取り込まれます。ミトコンドリア内では、プロトポルフィリンIX（PpIX）という形を経て、そこにさらに鉄が結合してヘムになります。

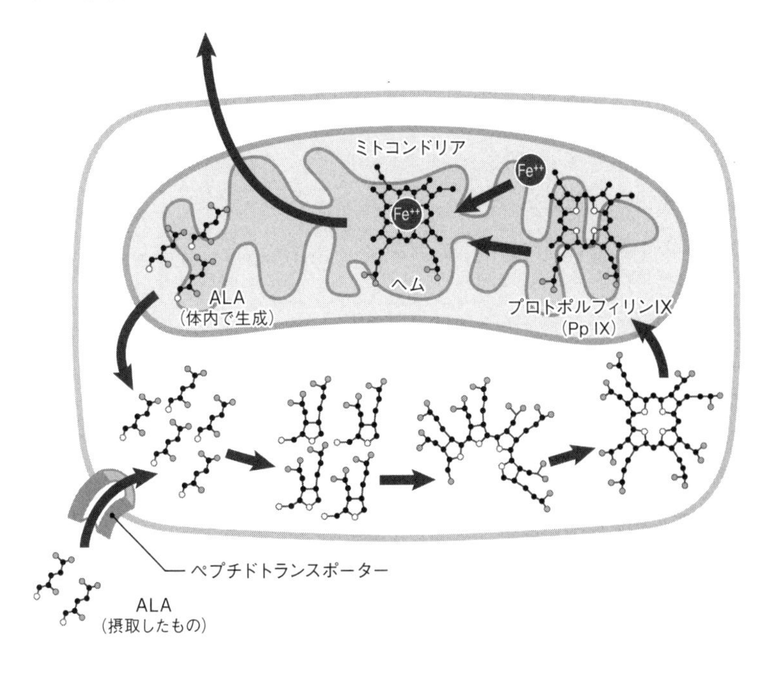

以上は体内でできたALAの動きですが、摂取したALAはペプチドトランスポーターという、本来はジペプチド（2つのアミノ酸が結合したもの）を通すための細胞内への取り込み口から細胞内へ入ることができます〈M. Ishizuka他による論文「Novel development of 5-aminolevurinic acid (ALA) in cancer diagnoses and therapy」『International Immunopharmacology』11巻3号358-65頁(2011)〉。これは、偶然ALAがジペプチドとほぼ同じぐらいの大きさで構造も似ているからだといわれています。このよう

に、摂取したALAも、ミトコンドリアでつくられたALAと細胞内で混じり合い、ヘムを構成することができるのです。

ヘムと呼吸鎖　ミトコンドリアの中で、食物と酸素からエネルギーを取り出す働きをしているのは、「呼吸鎖」という場所です。呼吸鎖は、呼吸鎖複合体I～Vとシトクロムcの6つのパートから成り立っています。その中でもALAは複合体II、III、IV、シトクロムcで中心的な役割を担っていますが、特に複合体IVはATP（エネルギー）を生み出すために重要な場所で、加齢で減少すると考えられています。

（SBIファーマ）

第2章

超高齢化社会・日本で「ALA」の価値を発揮させる

SBIホールディングス代表取締役社長

北尾吉孝

SBIグループの挑戦
——その基本戦略とバイオ関連事業の位置づけ

日本が抱える課題のなかでも、「超高齢化社会」という問題は、様々な方面に影響を及ぼすものであり、SBIグループが地銀との連携を通じて力を注いでいる「地方創生」への貢献においても強く意識されています。崩壊の危機が叫ばれている日本の社会保障制度の充実を持続させるには、やはり税源が必要であり、それを生みだす「企業活性化」と「新成長産業創造」を、地方においても停滞させるわけにはいかないのです。

総務省の「人口推計」や「国勢調査」、内閣府の「高齢社会白書」、厚生労働省の「厚生労働白書」などに実際に目を通すと驚かれる方もおられるでしょう。2018年には65歳以上人口の総人口に占める割合、すなわち高齢化率が28.1%になりました。その後も増え続け、高齢者1人を現役世代が約2人で支え続けるという予測もされています。

特に地方で生活をする高齢者たちの「自助」はますます難しくなるでしょう。自助に基づく、近隣住民同士の「互助」がなされても、税による「公助」や介護保険制度による「共助」が今後ますます期待できない状況に陥る危険性があります。

そうした危うい未来を日本人一人ひとりが真剣に考えて、どうしたら変えていくことができるのかを考え、行動を起こしていかなければならない時代になりました。自立と共生、自助や自衛に基づく共生が求められているのです。

健康長寿の実現はその「なすべきこと」の最たるものだといえるでしょう。未来の日本に重く圧し掛かる財政負担、すなわち健康保険料の抑制にとってもマイナスではないはずです。

さらにいえば、日本は高度経済成長のツケともいわれるべき環境問題の克服に様々な成果を上げた国であり、例えば車では、最高峰の燃費水準を誇るような自動車を開発し、大気汚染や水質汚染をコントロールするような技術も開発してきました。課題解決先進国としての潜在能力を、日本人と日本企業はいまこそ発揮し、グローバル社会における地位を再び高めていかなければなりません。

ではSBIグループはこれまで、そうした国家的な社会課題が山積するなかで、どのような戦略をもって自らの使命・役割を果たしてきたのでしょうか。

インターネットをメインチャンネルとして証券・銀行・保険など幅広い金融サービスを手掛けるSBIグループの姿を、私はよく「金融生態系」と表現しています。それは、米ハーバード大学の研究員などを務めたジェームズ・F・ムーア氏が提唱した「企業生態系」という概念をベースにしたものです。生物の生態系は、個体それぞれが自律性をもちながら、協調と競争を繰り返すことで構成されており、それをビジネスの領域にもちこんだものだといえます。そのことを、1990年代に発展した「複雑系の科学」という学問を自分なりに勉強しているなかで強く意識するようになりました。

そしてこの「複雑系」のなかで、どう企業経営をしていくべきかを考えるようになりました。平たく言えば、1+1が3や5になる。もしくは、もっと強くて違った性質をもつことがある。さらに、まったく違った性質が生まれてくる場合もある……。こうした知見をふまえたうえで、企業の集合体をつくることができたらどうなるのか。いろいろな新しい性質が生まれてきて、成長・進化を遂げていくことができるはずだ。そう考え、実際に、企業生態系の構築を基本戦略として、個人や組織による自立と共生を具現化し、相互進化、シナジー効果を発揮できる経済共同体をつくりあげていくなかで、思い描いた通り、SBIグループは着実に成長を遂げるようになりました。

思い起こせば、野村證券在籍時代に、イギリスのケンブリッジ大学へ留学させてもらったのですが、名だたる卒業生の一人、あの「進化論」のチャールズ・ダーウィンが約200年近く前にくぐったであろう門に、自分が足を踏み入れることはとても感慨深いものがありました。また、このケンブリッジのカレッジにある食堂では、奥のほうに通常の席より一段高いハイテーブルというエリアがあり、様々な分野のフェロー（教授）陣がそこで、食前のシェリー酒を飲みながら、活発な議論を交わしていました。お互いの専門領域を超えて研究を向上させようとする姿勢が漲っており、それに憧れる学生たちがいました。

そうした環境に身を置いて、私は「どんな事業、経営を行うにしても進化させ続けなければならないぞ」「いつも自分の関心を広げていれば、きっといろいろな経験と知識が得られ、それらが様々に結びついて、これまでになかった新しい力が生まれてくるはずだ」などと思ったものです。その気づきが結果的に、SBIグループの経営戦略ともつながっているのですから、不思議なものです。

留学期間の20世紀は、オートモービルとエレクトロニクスの時代でしたが、新しい21世紀の時代への移行が加速化するなかで、私たちはアセットマネジメント事業において新成長産業であるITやバイオテクノロジーの分野の企業への投資を多く手掛けることになりました。その投資先の技術の一部をSBIグループ内に導入し、検証して、外部にも拡散する手法は、私たちグループの「強み」の一つになっています。

ALA事業を主体とするバイオ関連事業自体で採算のとれる経営をするのが理想的ですが、この事業領域では、新薬の承認を得るまでに研究開発に長期的で多額の投資を必要とします。ですから、金融サービス事業やアセットマネジメント事業からの安定したキャッシュフローがあればこそ、取り組めるという場合もあります。

ALA事業の成果がさらに大きく花開けば、より多くの人の予防や健康増進・維持に貢献することになり、金融業としては、例えば生命保険業の利益の最大化などにつながることもあるでしょう。

コロナショックは、社会の変化をいっそう加速させることになりますが、キャッシュレス化の潮流やDX（デジタルトランスフォーメーション）に伴うセキュリティ対策ニーズの増大などとともに、バイオ・ヘルスケア産業領域、例えばワクチン・治療薬や診断キットの開発、非対面接触の健康管理、ヘルスケアテックといった分野にも関心が高まることでしょう。そうした分野への積極的投資をしていくことも、企業の社会的使命に基づくものだと理解しています。

さらにいえば、SBIグループでは、研究者と事業家をマッチングさせて、大学などの研究機関が有する技術シーズの事業化を支援するビジネスも展開していきます。

このように、バイオ関連事業は、SBIグループが織りなす企業生態系のなかで、未来を支える事業となることを期待するものとして、私の頭のなかではすでに位置づけがなされているものなのです。

オープン・アライアンスで「ALA」の深耕をはかる

私は、外部の大学研究室や医薬品メーカー、優れた研究者たちとの「パイプライン」が継続的につながる仕組みをどう構築していくのかが、バイオ・医療関連事業の成否を分けるカギであることを、経営者として強く認識しています。「縁尋機妙(良い縁がさらに良い縁を尋ねて発展していく様は誠に妙なるものがあるという意)」と「多逢聖因(良い人に交わることで良い結果に恵まれるという意)」があるべき姿です。

「オープンイノベーション」という言葉がありますが、私はこれからの時代においては、イノベーションに限らず多くの企業や企業グループと提携しウィンウィンの関係を具現化する、「オープン・アライアンス」という考え方が大切だと思っています。

顧客基盤を有している企業とどんどん組んでいく、そして共生していくのです。その実現にあたっては、まさに昨日の敵が今日は味方、ということもあり得ます。ただ逆に、今日の味方が明日は敵ということもあり得る。「そうはならないようにしてくれ」と自社内では言い続けています。

SBIグループの主体事業である金融サービス事業だけでなく、このバイオ関連事業においても、オープン・アライアンスの経営思考・手法は、必要かつ重要なものです。そしてこうした考え方を共有し、私たちSBIグループのバイオ関連事業に加わっていただいたのが、東大発のベンチャー企業ギンコバイオメディカル研究所の創業者・新井賢一(東大名誉教授)さんでした。

同社は現在、SBIバイオテックという社名になっています。新井さんは残念にも他界されましたが、シリコンバレーでの経験を生かしてシーズ探索（Research：R）と臨床開発（Development：D）を進めるバイオベンチャーとして出発するまで、私と議論を交わすなかで、日本のベンチャー企業の製薬の分野がなかなか育ってこないことへの危機感を共有し、意気投合したのでした。

その要因を挙げると、最も大きなことは、もちろん日本だけのことではないのですが、臨床試験のフェーズIIIにいたるまでに、すごく時間を要してしまうこと、そしてその間の資金が続かないということです。しかも、多くの研究者にはたいてい1つのパイプラインしかなく、他でもっとよく効く医薬が開発されてしまうと、そこですべてが台無しになってしまうのです。

そのような現状があるために、世界中のどの国で早くアプルーバル（承認）がとれるのかを見つける、つまりグローバルに勝負をしていくことがまず重要なのです。そしてそうした意味でも、様々なパイプラインと継続的につながる仕組みをつくること、グローバルなオープン・アライアンスを組みながら新しいパイプラインを常に入れる体制を創ることが、成否のカギとなるのです。

ちなみに現在、SBIバイオテックの創薬研究事業は（これはALAに関連する事業ではないのですが）、パイプラインをビエラ バイオ、協和キリン、旭化成ファーマ、カルナバイオサイエンスの4社に導出しています。またグループ会社である米国のクォーク社が対象にしている疾患は、AKI（急性腎障害）です。人間が死を迎えるとき、実は腎不全が原因であることが多い。そのための「核酸医薬品」を開発しています。核酸医薬品というのは、従来の「抗体医薬品」や「低分子医薬品」に続く次世代の医薬品としてその市場拡大が期待されているものです。

ただ、臨床試験を進めるには被験者の確保という問題があります。コロナ禍のような社会環境が激変する事態に陥ったときには、厳しい状況が突如つくり出される場合もあります。新CEOのガル・コーヘンのもとで進められている経営改革に期待を寄せています。

それから、新井さんと議論をしているなかで、グローバルマーケティングの必要性も考えさせられました。日本の製薬会社は特に、国内に限定して販売することがあるのですが、これからはやはりグローバルに販売する方向を重視していかなければならないのではないか。その思いをもとに、ALA事業においては積極的な国際展開をはかっています。

ALAに関わるオランダの医療測定機器メーカーもグループの傘下に入れ、カナダにも進出し、SBIグループのバイオ関連事業は、世界各国でALAに関わるすべてを提供するリーディングカンパニーとしての道を歩み続けています。

超高齢化と二極化と「ALA」

「人生100年時代」といわれる現代において、ますます「老い」との向き合い方が難しいものになっています。100歳になっても身体は動かせるという人が増えていく。しかし認知能力はどうしても衰えていく。認知能力をどう保つかが課題になります。長生きをすれば、単なる認知能力の低下ではなく、脳が萎縮し、アルツハイマー型認知症や微小脳梗塞による血管性認知症になることも増えていくでしょう。5分前の記憶がなくなるようになる方もおられます。

どのように最期を迎えてもらうか。それまでどうやって個人の尊厳をもたせていくのか。そうした人たちに、ALAができることはどんなことがあるのだろうか。

やがて自分も行く道のことを考えるうちに、仏教で四苦とされる「生老病死」のなかで最もしんどいのは、実は「病」の前の「老」かもしれないと思うようになりました。

私はまだ老眼鏡を必要としていませんし、白髪もほとんどありません。記憶力には昔から自信があり、今もそれほど衰えている気がしません。それでも同年代の友人などに久しぶりに会うと、「老い」が目立つ世代になっていることを感じさせられます。

後期高齢者人口が膨れ上がり、世界に誇る国民皆保険制度が崩壊寸前といわれるなかで、年金をもらう年齢を引き上げることが想定される「全世代型社会保障制度」の推進は、これからの国民一人ひとりの生活に大きな影響をもたらすことになります。

昔から最も苦しいのは「四百四病より貧の苦しみ」といわれますが、どれほど健康維持に意識を高めても、ある程度の資産がないと、よい治療を受けることができず、よい医薬品や健康食品がでてきても、購入することができません。これからの老後においては、資産は、免疫力と同じように大切なものだといえます。自分を経済的に守るには、資産の保有を最期のときを迎えるまで持続させていく力が必要なのはいうまでもないことでしょう。

有名な松下幸之助さんの「水道哲学」は、戦前期の日本で生まれたものですが、その思想の根底に「貧」があったといいます。「われわれの仕事は無より有を出し、貧を除き富をつくる現実の仕事」であり「貧を無くすることは、すなわち人生至高の尊き聖業」だという産業人としての使命観が、幸之助さんの商売・経営の源泉になっていたのです。

その時代に比べれば、社会全体としては豊かな時代になりましたが、個々に見れば、二極化によって新たな「貧」が生まれてきている。そうしたなかで、SBIグループとしては、資産面はもちろんのこと、医療・健康面においても、ALA事業でこれまで世になかった製品を上市し、できる限り安く、大量生産していくことに力を注いでいくことで、企業としての使命を果たし、社会により大きな貢献をしていきたいと思っています。

課題山積の日本社会のなかで私が思うこと

SBIグループでは、「企業価値」をイコール「株式の時価総額+負債の時価総額」とする従来の定義を用いず、「顧客価値+株主価値+人材価値」と「戦略価値（経営思想と長期的な戦略）」からなるものだと考えるようにしています。人材を最も価値ある戦略的資源として捉えているのです。

ですから2019年末に発生してから急速に猛威を振るい始めた新型コロナウイルス感染症への対策のなかで、私は、自社グループの社員とその家族を守ることを最優先にしてきました。そして顧客を含め、多くの関係する方々との接し方にも気を配るよう、明確な指示を出しました。

こうした危機への対処には、やはり原理原則に基づいて行動することがリーダーには大事です。

私の「感染症」に対する基本的な考え方は、第一が徹底的検査。次に、患者と健常人の峻別です。そのうえで健常人は働きつつも検査を続けることで、「利益と安全」を両立させていく。検査などで膨大な費用がかかることはわかっていても、なすべきことはなさねばなりません。そして、問題の特性を正確に把握した対策をとると同時に、多角的な視野による検証も行う必要があります。その総括なしに、次のステージへ進むことはできませんから。

山中伸弥先生は、日本が新型コロナウイルスの感染を比較的低めに抑え込めていた要因を「ファクターX」とし、その存在を明らかにしていくことも大切だと言われました。そうした仮説をたて、検証することはどんな場合でも重要なことです。そしてその「X」には、日本人の行動様式に根づく文化や精神性のようなものも含んで考察がなされるべきでしょう。

ちなみにその山中先生と本庶先生の研究成果、そして小林久隆先生（米国国立がん研究所主任研究員）の「光免疫療法」を、私は近年の日本人の三大発明だと思っています。光免疫療法に関しては、米国立衛生研究所（NIH）の特許を基に米Aspyrian Therapeutics社が開発を進めていたものに、三木谷浩史さん個人が巨額の出資をして、その後、楽天メディカルに改称されて、同社の経営を三木谷さんが担うようになっています。同社は米国に本社をおく企業ですが、それでもこの投資について、私は好印象をもっています。日本の「宝」を守るために、日本人がお金を有効に使っているのですから。

そして、このお金の使い方という点で、日本の行政は本当に変わらないといけないと思います。『礼記』という古典に「苛政は虎よりも猛し」という言葉がありますが、行政における非効率などの課題を改善することなく、税金の無駄遣いをし続けているようでは、いつかは企業も国民も離れていくのではないでしょうか。様々な法改正、その根本となる憲法の改正にしても、政府は国民への正しい情報開示と説明責任という役割をしっかりと果たしつつ、自立した主権国家としての国づくりを一刻も早く成し遂げてもらいたいものです。

私なりの現代養生訓

人間は歳を重ねるほどに、その時節に相応の形で「生」を全うしていかねばなりません。それは40代には40代、60代には60代、80代には80代の生き方を模索していくということです。

もう他界されていますが、私淑する天才数学者の岡潔先生、哲学者の森信三先生や西田幾多郎先生、海外ではピーター・F・ドラッカーさんなどは、歳を重ねてから大きな業績を残されました。そうした偉人たちの功績には及ばないまでも、精神的な若さを持続させて、自分なりの後世への「遺産」を残していきたいものです。

江戸期の儒者である貝原益軒が書いた『養生訓』という古典的名著がありますが、貝原自らも80代まで生きた健康長寿だったようです。この書には予防や健康維持のための教訓が多く示されていて、すべてが現代人の生活にもあてはまるわけではありませんが、今の表現でいえば、ストレスをためない生活法や自制の大切さが説かれており、有益な書だといえます。

予防に常に注意を払っている私は、多くの人と仕事で接しているにもかかわらず、20年ほど風邪をひいたことがありません。インフルエンザのワクチンも一度も打っていません。医薬品による治療に頼ってばかりではいけないのです。ウイルス対策にワクチンが開発されますが、免疫力が充実していれば本来、ワクチンは必要ないものだと私は考えています。

そしてこの免疫力を向上させるには、先述した通り、体温を上げる食物、物質をとることが大切であると私は信じています。ALA配合のサプリメントは出社前と就寝前に必ず飲み、他にも、免疫力向上によい、腸によいとされるような成分を自分なりに調べて、食生活に取り入れるようにしています。サプリメントの力も借りながら、自分がよいと思う食生活を続けています。

さらに、適度な運動をします。毎朝30分間、マシンの上を2.5-2.6kmほど早歩きします。毎週土曜日には整体に通い、鍼もします。夜には風呂場で半身浴をします。風呂の中でも様々な体操を行います。以前は腰の回転運動だけでも200回ほどやっていました。風呂から上がっても、股割をしたり、腕を回したりします。

それから良質な睡眠も重要です。私は実は4時間半ほどしか眠らないショートスリーパーですが、熟睡しますから、健康を維持できているようです。

このように、自身の免疫力を上げるのにプラスになると思われることを積極的に取り入れ、予防に努めているのです。また自身だけでなく、SBIメディック（会員制健康管理サービス）と提携医療機関の東京国際クリニックを連携させて、役員クラスには無料で年2回の徹底的な検診を受けてもらうようにしています。

これから求められる日本人の生き方
——資産長者と健康長寿

精神と身体の健康の増進・維持に努めたうえで、これからの時代に何が必要なのかといえば、それを支えていくための資産長者になることでしょう。健康長寿と資産長者はお互いによい影響を与えるでしょう。

ただ資産というものは、つくろうとしてつくるべきものでもありません。それぞれに、生きがいや働きがいというのは違うものです。なにもみんながお金持ちを目指す必要はない。自分が生きたい人生に必要なお金をもつ。そうして天命を全うする。資産長者とは、そうした意味合いで理解してもらえればと思います。

それを実現するには、金融知識は絶対に必要です。人生設計を自ら考えていくようでないと、なかなかこれからの人生はしんどいものになります。だから義務教育のなかで、金融知識をつけさせないといけないのです。ところが、いまもって日本人の多くは銀行預金のことしか知識がありません。証券もあれば、債券もあるのに、です。「子供に投資を学校教育で教えるのは何事だ」というような風潮はもはや時代遅れでナンセンスの極致です。すべてサイエンティフィックに、ロジカルに考える力を養っていかなければいけません。

「老後2,000万円問題」で多くの国民が悩まねばならない時代だからこそ、義務教育の期間に、お金をどう運用していくかを学び、銀行預金以外の選択肢を知ることが極めて大事なのです。

中国古典の『管子』に、「一年の計は穀を樹うるに如くはなく、十年の計は木を樹うるに如くはなく、終身の計は人を樹うるに如くはなし〈訳：一年で成果を挙げようとするなら、穀物を植えることだ。十年先を考えるなら、木を植えることだ。終身の計を立てるなら、人材を育てることに尽きる〉」という有名な言葉があります。一般の家庭においても、長期計画のなかで様々な問題を解決できる人を育てていかねばならないということです。

米国の投資家ウォーレン・バフェット氏は11歳から投資を始めたといわれていますが、そうした例示をするまでもなく、高度化・多様化した金融商品を自己責任で選び、大幅に延びた老後を自分で設計していかねばならない「人生100年時代」にあって、義務教育のうちにマーケットの仕組みについての学習を終え、長期計画のうちに投資センスを身につけ磨いていくことがますます求められてくると思います。

それから、中国の宋の時代に生きた朱新仲の残した「人生に五計あり」という言葉にも私たちは学ぶべきでしょう。その一つは「生計」で、これはどのようにして健康に生きていくかということです。次に社会での処世術である「身計」、それから結婚して子供をもち家庭を築く「家計」、そしてどのようにして年を取っていくかという「老計」があり、最後はいかに死すべきかという「死計」です。

思えば21世紀に入る前、81歳で父がこの世を去った頃から、私の「老計」や「死計」に対する考え方は変わったように思います。自らの健康に留意する気持ちがとても強くなって、「生」への感謝の念も高まってきました。すると古教、すなわち過去の先賢の教えというものがますます身に沁みるようになりました。

森信三先生がいうように、「人生二度なし」です。あとどれだけの時間が私に残されているのかはわからないのですから、一刻たりとも無駄にしたくはありません。福沢諭吉のいう「自我作古」を成し遂げるためにも時間を無駄にできないのです。

福沢の言葉には「独立自尊」もあります。自立や自得の大切さは常に説かれてきたことですが、福沢のいう「自尊」は、人間としての品格を保つことです。それを基本として同時に「互尊」でないといけない。外にそういう人を見たら、お互いに尊敬し合う。そういう考え方で、誰もが、私利私欲のためだけに生きるのでなく、「世のため、人のため」に生きるのです。

私たちSBIグループの経営理念では「正しい倫理的価値観を持つ」ということを掲げていますが、これは全従業員がそうあってほしい、という願いが込められています。私自身は、非常にシンプルに「信・義・仁」の3つの漢字にみられる観点を物事の判断をする際の「ものさし」にしてきました。「信」は、この行動は人からの信頼や社会からの信用を損なうことはないかということ。「義」とは、自分の良心に照らして正しいことを行おうとすること。「仁」とは相手の立場を十分に考えているかということで、平たくいえば「思いやり」です。こうした自らの倫理的な価値観というものをきちんと持して、判断をしていく人が望ましいと思うのです。そうして「恒心」、すなわち「ぶれない正しい心」を養い高めていきたいと思うのです。

また陽明学の『伝習録』という書に、「事上磨錬」という言葉があります。毎日の生活のなかで自分を鍛え上げていくことを説いていますが、礼儀作法やマナーもその一つといっていいでしょう。

結局のところ、人間、自らを変えるのは自らです。自らを築くのも自らです。敬と恥を大切にしていけば、そこに発奮が生まれ、自分を変えようと、なります。このことを、SBIグループの社員にもいつも言っています。

最後になりますが、私はまだまだ現役でいなければなりません。しなければいけないことがたくさんあるからです。だから、十分な量のALAを毎日飲み続けていきます。「世のため、人のため」という志が、このSBIグループのALA関連事業にはあります。それが野心であれば、引き続ぐ者は誰もいないでしょう。しかし、志ある事業は、後世の志ある者に受け継がれるものだと思います。

第3章

「ALA」研究開発物語
——「生命の根源物質」に出会って

元SBIファーマ副社長
田中 徹

「バイオ」、そして「ALA」との出会い

5-アミノレブリン酸（ALA）と私が出会ったのは1987年のことです。かれこれ33年もこの化合物の研究をしてきたことになります。本書ではその私自身の研究開発の歩みを振り返る機会をもらうことになりました。

専門書でなく、一般読者向けに書いたので、記述を簡略化したところもあります。ALAに科学的な興味をもたれた方は、各専門家による論文や専門書を読まれて、さらに理解を深めていただけたらと思います。

さて、ALAとの出会いを語るには、まず学生時代のことに触れなければなりません。岡山大学の理学部化学科に通った私は、卒業後の進路を考える時期に、恩師の故西村範生先生から心に刺さるアドバイスをもらいます。

「大学の学問は虚学にすぎない。遠い将来に何かの役に立つかもしれないが、君は人の役に立つ実学に進みなさい」。

私には「ドリトル先生のような博物学者になりたい」という子供の頃からの夢がありました。西村先生もご存じだったと思います。けれども恩師のこの訓辞によって、遠い夢からようやく解放され、「人の役に立つ仕事か。いいじゃないか！」とすごく吹っ切れた気持ちになったことを今でもよく覚えています。

西村先生の推薦もあって、丸善石油に内定をもらい、無事に実学の道に進むことになったのですが、その後、合併が決まり、入社式直前に合併式があるというハプニングに見舞われます。そして1986年に発足したコスモ石油の一期生となった私

は、配属された同社の中央研究所で、まずは高温高圧でアスファルトに水素を反応させてガソリンをつくるための触媒検討の仕事を担当することになりました。この検討・評価の対象となる触媒とは、自身は変化しないで、ある化学反応を促進する物質のことをいいます。例えば自動車の排気ガスを分解する触媒や原油の精製に使われている触媒などがあり、新たな産業にもつながる重要な物質です。

しかしこの仕事はひたすら触媒を評価するだけで、研究というより作業でした。忘年会で当時の上司に「研究所なのにサイエンスがない」とかみつくと、「そうだ、これはサイエンスじゃない、アートだ！」と言い放たれ、唖然としたこともありました。

そうしたなかで、新規事業会社の立ち上げが決まり、すぐさま異動を申し出ました。希望がかなって、早速、「新規事業をやるうえで、我社の強みは何か」と考えをめぐらしたところ、危険で巨大な装置を連続して運転できること、さらに海に面した製油所の立地があることに気づきました。当時はバイオ技術の萌芽期でしたが、バイオ企業で、危険物を大量にハンドリングできる企業は稀でした。そこで、当時注目されていた高速メタン発酵を製油所で運営することを思いついたのです。

書いた提案書がそこそこ注目されたようで、会社から「専門家のところでさらに勉強せよ」と指示をもらいました。そこで、高速メタン発酵で有名な広島大学の永井史郎先生の門をたたき、内地留学しました。研究室には企業からの派遣研究者や海外からの留学生が大勢来ていていつも刺激に満ちていました。最新のメタン発酵を学び、研究活動を進めるなかで、様々な課題にぶつかるのですが、ここでALAと私を引き合わせてくれることになった人が、永井先生の弟子である故佐々木健先生でした。

内地留学での研究を生かすべく「ALA」製造プロジェクト開始

当時、広島電気大の助教授だった佐々木先生の研究室を訪ねて驚きました。教養課程の理科実習室の準備室を改造して研究されていたからです。私は、会社では「あれがない、これがない」と文句をよく言っていたのですが、やる気があれば工夫次第でなんとでもなることを思い知らされました。

佐々木先生の発想は、今でいう持続可能な発展を目指されるものでした。「メタン発酵後の廃液には、貴重な窒素やリン、ミネラルが残っているので、加工して農地に戻すべきだ。そのためには廃液に付加価値をつけなくてはならない」という考えをもたれていました。ちょうどその頃、イリノイ大学のRebeiz教授らが、ALAが除草剤として使えるという発表をし、当時中毒死が問題になっていた「パラコート」に代わる安全な天然除草剤として注目されていました。佐々木先生と「光合成細菌を用いてメタン発酵廃液からALAをつくり、安全な除草剤兼肥料にして、循環型社会をつくりましょう」と盛り上がったのは私が25歳の頃のことでした。

佐々木先生にご指導をいただきながら、永井先生のもとで研究を進め、1年ほどが経ち、ようやくバイオ系の言葉に慣れ始めた頃、「バイオ関連で石油産業活性化センターの補助金をもらうことになったから、帰ってこい」と会社から連絡がありました。

「石油成分を微生物変換で有用物質にする」というこの補助金

研究は、石油汚染土壌のバイオレメディエーション（微生物などの働きを利用して汚染物質を分解し、環境汚染の浄化をする技術のこと）へとつながるものです。

会社に戻って、バイオの研究室を立ち上げましたが、あてがわれた部屋は、離れの動力棟の倉庫でした。醗酵関係の培養器や発酵槽が埃をかぶっています。そうした古い装置を修繕することで、少ない予算でのやりくりをしました。

石油の微生物変換の研究に没頭するなかでも、広島大学で学んだことを生かしたいという気持ちがありました。そこで労働時間の5%は自由に新しいシーズの探索研究を行なっていいという自主研究の会社制度を活用し、ALAの発酵生産を研究・提案し、採用されました。ちなみにメタン発酵に関する研究の成果をもとにした提案もしたのですが、会社を説得できず、さすがに精神的に落ち込みました。

このALA生産の研究について、詳しくは『生物工学』第97巻4号〈日本生物工学会（2019）〉への私の寄稿文「神様からの宿題」を読んでもらえたらと思いますが、当時の私には、「光合成培養では、工業的にALAがつくれないのではないか」という危機感があり、様々な試行錯誤を繰り返していました。

広島大学での経験では、光合成細菌以外の従属栄養細菌（有機物を取り込み増殖する細菌）も、量は少なくても、ALAをつくります。光合成細菌も、光合成培養でなくても光照射がないとALAはつくりませんが、幸いなことに、従属栄養的な生育はします。そうすると、光照射のない従属栄養培養で、ALAをつくる変異株がとれるのではないか……。

ようやくこのように思いついたのですが、しかしそれは突飛な発想ゆえ、ある程度の当たりをつけてからでないと、会社の上層部に提案できません。

ALA要求性大腸菌の重層寒天で、菌体外にALAを出す菌を選抜するなど、選抜方法には工夫を凝らしました。その成果を、本社上層部を研究所に招いて開催される発表会で発表するとともに、自主研究から本研究への格上げを直訴して、なんとかチームでの研究へと進むことができました。

そして、コスモ初のバイオ系の博士課程修了者を採用、変異株取りをするチームに投入しましたが、変異株取りは地味な作業ですから、ひと月もたたないうちに、「もうだめです。(変異株を滅菌爪楊枝で移植するので) たこ焼きを焼く夢を見るんです」と訴えられました。彼に「こんなのサイエンスじゃない!」と言われ、私の返した言葉が、以前に上司から言われた「そうや、これはアートじゃ!」でした (苦笑)。

結局、力業で10万株以上を選抜したことになりますが、垂直に7段の変異をかけ、光照射の無い従属栄養条件下で、ALAを生産する変異株の取得に成功しました。

光合成細菌は、太陽光の下などの光合成条件で生きるときにはバクテリオクロロフィル (クロロフィルとほぼ同じ構造で、細菌の光合成に必要な物質) が必要になるので、原料であるALAをつくります。しかし光が当たらない従属栄養のとき (つまり光合成を行わないとき) は、クロロフィルは不要ですから、ALAはつくりません。それなのに、ALAをつくる菌を無理やり育種したわけですから、私の研究はかなり突飛なわけです。実は私たちヒトの体の中では、ミトコンドリアがALAをつくるわけですが、このミトコンドリアは、光合成細菌が酸素を使って呼吸を行うプロテオバクテリアに進化した細菌が起源と考えられています。この細菌が古細菌にパラサイト (寄生）して、ミトコンドリアになったといわれています。つまり、光合成細菌からミトコンドリアに変化していく12億年分くらいの進化を、試験管の中で実際にやってのけたということになるのです。

忘れられない研究開発での想い出——運命的な出来事の数々

研究所で生産したALAは、用途研究活性化のために、関連会社のコスモ・バイオから、研究用試薬として発売してもらいました。パソコンで自作したラベルを、自分たちでバイアル瓶に貼って出荷した第一号商品を、チームのみんなで眺めながら、祝いあったのも懐かしい思い出です。

その生産研究の進行に合わせ、用途開発の検討も開始しました。除草剤の論文には、ALAを植物に噴霧すると、クロロフィルの手前の物質であり光感受性をもつポルフィリンが葉にたまり、光を浴びると活性酸素が出て枯れる、とあります。ALAの発酵生産ができればそのまま除草剤にできると思っていたのですが、ここで、とんでもない苦労が待っていました。

除草剤試験を植物化学調節剤研究会研究所の故鴨居道明先生にお願いしました。ところが、精製したALAだとよく枯れるのですが、発酵液そのままだと、同じ濃度で枯れないどころか、逆に生長が促進されてしまうのです。

一体何が起こっているのか、当時の私には全く想像ができませんでした。鴨居先生に言われる通りに、先生の古巣である宇都宮大学雑草科学研究センター（当時。現在は、雑草と里山の科学教育研究センター）の近内誠登教授、竹内安智教授を訪ねると、「そんなに濃い濃度だと塩を撒いても植物は枯れますよ。それより、ALAはクロロフィルの前駆体でしょう（ALAがスタート物質になり8段階の反応を経てクロロフィルになるため）。生長が促進されてもおかしくありませんよ」と言われました。今まで私は何を勉強してきたのでしょうか。化合物での理解に止まり、「代謝」に理解がいたっていなかったのです。

まさに一から出直しとなったのですが、生産研究をしながらなので、宇都宮大学に毎日通うことなどできません。出張として火曜日、プラス自主的に土曜日を使いました。学生さんに助けてもらいながらの作業でしたが、とにかく時間が無いので、もう必死でした。ところが、なんとその作業中に、私は熱中症で倒れてしまったのです。

当時、三井石油化学から研究生として派遣されていた故倉持仁志先生に、「炎天下の温室で作業をする馬鹿がいるか！」と叱られましたが、倉持先生とはその後にご縁が深まり、ALAに耐塩性向上効果を見いだすことになります。それが、あとで触れる沙漠の緑化検討にもつながることになりました。

また、苦労を重ねたこの宇都宮大学での研究により、ALAを鉄やマグネシウムなどのミネラルと同時に投与することで、光合成を促進し、作物を増収できることを見いだし、特許出願をしたのは、もう25年以上前のことになります。

しかし、肥料として世に出すには、さらなる苦労が待っていました。農作業をしていると、どうしても蜂に刺される機会が増えるのです。そして今度は、蜂毒によるアナフィラキシーショックで病院に担ぎ込まれることになります。次に刺されると命に関わるとのことで、獨協医科大学病院に40日間ほど入院をして、急速減感作療法（蜂の毒を薄めて注射しだんだん濃くしていき、体を慣れさせる治療）というものを受けました。

入院治療中、1日に4回も注射を受けるのですが、それ以外の時間は暇になります。じっとしていられない性質の私は、病棟を抜けだし、医学部の図書館にもぐり込んで、目につく論文を読んでいると、有名な医学誌『ランセット』に、咽頭がん患者にALAを経口投与するとがんだけにポルフィリンが蓄積する、という記述に行き当たりました。皮膚がんにALAを塗布して光照射で治療する治療法のことは知っていましたが、「経口投与で、がん選択的に⁉」と興奮してむさぼるように読み、病室に戻るのが遅れてしまいました。病棟は大騒ぎになっていたようで、こっぴどく叱られましたが、私の人生において、本当に運命的な出来事でした。

その後、大学の図書館に行くことはできなくなりましたが、会社からの見舞客に論文をもってきてもらい、「なぜ経口投与でがん細胞だけにポルフィリンがたまるのか」ということを徹底的に勉強しました。

通常の細胞では、ALAは細胞の中にあるミトコンドリアという器官の中に入り、代謝されてヘムという生命活動維持のための中心的な物質になります。通常の細胞ではALAはまずミトコンドリアで合成され細胞質へ移送されて細胞質でコプロポルフィリノーゲンIIIという物質になり、再度ミトコンドリア内に取り込まれるのです。そしてミトコンドリアの中で、コプロポルフィリノーゲンIIIは光活性物質であるプロトポルフィリンIX（PpIX）になり、さらに鉄イオンに結合してヘムへと変化します（第1章23頁のコラムの図を参照）。

がん細胞は酸素を使わない生き方をしているので、ヘムが不要で、ヘムの合成能力が低下しています。そのため投与でALAを人体に大量に取り込むと、細胞質で内在性のALA同様の代謝を受けミトコンドリア内でヘムに変化する手前のPpIXががん細胞だけで溜まることになります。
どうやら除草剤と同じメカニズムで、ALAと光でがんを選択的に殺すこともできるということなどがわかってきたのですが、この頃に得たこれらの医療に関わる知見も、後々の私の仕事・人生に大きな影響を及ぼすことになります。

イタリアの丘の上に立って目にした緑輝く光景

退院後の私は、ALAの植物生長促進効果を、まずは農薬（植調剤）として開発しようといろいろな会社と検討しました。けれども安全性試験などへの投資額が大きく、どうにも採算が合わないのです。それでもALAはアミノ酸の一種で、世の中にはアミノ酸入り肥料というカテゴリーがあります。いろいろな会社と話を進めるうちに、施設園芸に強い栃木にある株式会社誠和と肥料を開発することになりました。
蜂アレルギーの治療に、月に一度、獨協医科大学病院に通院するその帰り道に、定期の打ち合わせをしました。そうして、至適の配合を見いだす地道な作業が続き、肥料登録でも新規なアミノ酸が添加されている肥料ということで、随分苦労をしましたが、ついに世界初のALA配合肥料「ペンタキープ」の発売にこぎ着けることができました。
そしてちょうどこの頃、私はALAの事業化に携わるため、コスモ石油の中央研究所を離れ、本社に異動しました。同時に誠和との共同出資の企業を立ち上げました。研究所とは全く勝手が違いますが、ビジネス界の刺激的な生活が始まりました。国内の営業には私も同行しました。最先端の施設園芸では積極的に検討してもらえ、採用いただけるところも出てきました。「ペンタキープ」を使うと葉が肉厚でコンパクトになり温室が明るくなるのですぐに効果が実感できます。一方、一般的な兼業農家での興味・関心を引くことは、なかなか難しいものがありました。

高齢化が進み、規模も小さい日本の農業の課題を、このときに体感することになりました。日本は海外の国々と比較して、降雨量や日照、気温などで極めて有利な環境にあると私は思います。現在の課題克服と発展に、何らかの貢献をしていければと考えるようになりました。

研究者として、海外にも技術営業のために足繁く通いました。施設園芸先進国のオランダでの評価は高かったように感じています。オランダの農業は半ば工業化されており、コンピュータで環境制御され、培地はもちろん、温度、補光、炭酸ガス施肥まで、作物にとっては完璧で100点満点ともいえる条件がそろっていました。試験では「ペンタキープ」は収量をさらに約7%増加させ、ワーゲニンゲン大学の先生方も大変驚かれていました。ALAとマグネシウムで生成するクロロフィルの効果だけでなく、ALAと鉄で代謝されるヘムによる光合成システムの電子伝達系活性向上が寄与しているのだろうという見解をもらうことになりました。

ちなみに、意図していたわけではないのですが、網羅的な試験の結果、「ペンタキープ」にはDTPA鉄を配合してあります。他にもいろいろな国を訪問しましたが、イタリアでの光景には驚きました。「ペンタキープ」に効果がある自信はありましたが、圃場に出るとその差は歴然で、処理区は緑色が極端に濃く、乾燥重量は無処理区の3倍近くありました。

現地の専門家に伺うと、この地域はアルカリ土壌で、毎年haあたり数トンの鉄資材を入れるそうですが、水酸化鉄になり、不溶化し、鉄不足の障害が起こるとのことでした。「ペンタキープ」にはALAも鉄も配合されていますから、ヘム合成が促進され、光合成電子伝達系が活性化されて、鉄不足でヘム不足のアルカリ土壌では卓効を示すのだろうということでした。

わかりやすく解説しますと、アルカリ土壌では、植物が貧血のような状態になり光合成も低下しています。ヘムが関与する、光合成によるエネルギー獲得システムはZスキームと呼ばれています。実はこのZスキームと呼ばれる光合成の仕組みは、私たちの体の中でエネルギーをつくるミトコンドリアの電子伝達系と瓜二つといえるものです。

ALAと鉄を投与すれば、ヒトのミトコンドリアの活性を向上させ、いろいろな疾病を治すことができるのではないか――。イタリアの白い丘の上に立ち、赤茶けた農地のなかに、くっきりと緑輝く「ペンタキープ」の処理区を見ながら、ヒトへの応用に大いなる興味が芽生えた瞬間でした。

新たな旅立ち
――バイオベンチャーでゼロからのスタート

沙漠地帯はアルカリ土壌が多く、また、降雨量も少なく、塩類が集積しています。「ペンタキープ」は沙漠緑化に卓効を示し、コスモ石油の環境活動との相性も良く、テレビCMも流すことになりました。日本沙漠学会の先生方にもいろいろと教えてもらい、中国（黄土高原地区）やサウジアラビア、アラブ首長国連邦などの大学と沙漠緑化研究を進めました。また、ハンガリーの土壌研究所のAttila Muranyi教授と巨大なライシメーターを用いた研究を行い、ALAが水利用効率を向上することを見いだし、論文化もしました。水利用効率とは、一定の作物を得るのに必要な水の量です。20世紀は石油でしたが、21世紀は水をめぐって国際的な争いがおこるといわれています。農業、環境という最も根幹的な部分に、ALAが関わっているのはまさに「生命の根源物質」だからだとつくづく思います。

アルカリ土壌での植物への卓効を見るにつれ、ヒトへの応用研究への興味が募ることになった私は、ヘム代謝に詳しい先生方の集まりであり、当時、国立公衆衛生院におられた近藤雅雄先生が会長を務められていたポルフィリン研究会の門をたたくことになりました。そこで知ったのは、ALAはどちらかというと、毒性物質として理解されているという驚愕の事実でした。遺伝病であるポルフィリン症や重金属中毒の診断に、血中のALA濃度が使われており、血中のALA高値が症状を誘引しているのではというのです。

私からすれば、ALAがヘムへとスムーズに代謝されていないから、血液中の濃度が高いのであって、全ての病態は逆にヘム不足で説明ができ、ALA不足でも同様の病態が生ずると推定されます。なにより、過剰投与で病態を再現したという報告はありません。植物同様、ALAをミネラルと一緒に投与すれば、ミトコンドリアを活性化して、いろいろな病気を治せるに違いありません。

そしてこの頃、立て続けにもう一つ、運命的な出会いがありました。当時、岩見沢市民総合病院脳神経外科の医長だった金子貞男先生からお声かけをいただき、訪問することになりました。ALAがいろいろながんを可視化できることは知られていますが、とても繊細な技術が必要な脳腫瘍手術で、ALAを用いると、がんだけが赤く光るので、取り残しを減らせ、不要な切除を防げるというその有用性を、熱く語られたのです。

金子先生は、引き出しを開けて一面に整然と並べられたコスモ・バイオのALA試薬の空き瓶を示され、「これだけの数の患者さんが、この試薬の恩恵を受けているのです。早く医薬品にしてください」と言われました。しかし、経営上の医薬品進出に対するリスクは大きいものです。会社上層部を説得することは難しいと考え、相棒的存在だった同僚の河田聡史さんとは「社外に出て、やるしかないな」という結論に至りました。

当時の私は、社内での出世は遅かったとはいえ、研究業績は認められ、リサーチフェローに任命されたばかりでしたが、退社を決意し、ベンチャー企業に移ることにしたのです。そうしてSBIホールディングスとコスモ石油の共同出資のSBIアラプロモ（SBIファーマの前身。現在は販売会社の社名に使用）ができたのは、今から12年前のことです。

コスモ石油を辞めたことを家内に話せず、しばらく黙っていました。ある日、家を出て駅に向かっていると、後ろに人の気配がしましたが、気づかぬふりをしました。家内が心配して、つけてきていたようです。

その夜、「会社を辞めたんでしょ！」と問い質されました。「いや、仕事は辞めてない（ALAの仕事は辞めていませんから、嘘ではありません）」「だったら、なんで保険証が変わるの？」「いろいろあるんじゃ」……。そんな夫婦の会話も今では懐かしい想い出ですが、大企業で仕事をすることのありがたみを感じたときでもありました。

さて、夢しかないベンチャー企業ですが、ALAに興味をもつ多士済々なメンバーが集まります。SBIアラプロモの社員第1号は、先述の近藤先生のもとで助手を務めた経験をもつ太田麗さんでした。ALAやポルフィリンを分析するのは最適任の人物です。ただ、せっかく第1号で来ていただいたのに、研究所がありません。近藤先生のご紹介で東京都市大学の研究所を間借りさせていただくことになりました。研究所とはいえ、元は講義をしていた教室ですから、机を片づけ、中古の装置を買い足して、まさにゼロからのスタートでした。昼間は本社で雑用に追われ、夕方になると世田谷区の等々力に向かい、駅前の肉屋でコロッケを買って、研究所に到着。缶ビール片手に、データの議論をしたり、夢を語ったりしていました。

製品開発も研究所の仕事です。初年度にALA配合のハンドクリーム「はたらくて」の販売にこぎつけ、洗車作業による手荒れに悩むサービスステーションの従業員を抱えるコスモ石油販売がまとめ買いをしてくれました。

研究面では、農業分野での経験に裏打ちされた私の推論が的中しました。ALA単独では効果が無い、もしくは光障害が起こるのですが、ALAと鉄の同時投与で、ミトコンドリアの活性化に基づく効果がどんどん発見されることになったのです〈S. Ogura他による論文「The effect of 5-aminolevulinic acid on cytochrome c oxidase activity in mouse liver」『BMC Research Notes』4巻66（2011）〉。研究が進むにつれて、ALAが生命のエネルギー反応の根源物質なのだという実感がますます湧いてきました。

ただその研究所が、東日本大震災により、使えなくなってしまいます。計画停電も安定性試験などに障害となるからです。そこで「地震対策は万全」と神戸市からの誘致を受けて、神戸のポートアイランドに研究所を移すことになりました。その立ち上げに単身赴任したことで、関西の大学とのおつき合いが多くなりました（現在は慶應義塾大学との共同研究もあり、川崎に移転しています）。

自社の研究所をもっていても、研究対象が多岐にわたるため、大学との共同研究は欠かせません。東京工業大学副学長（当時）の大倉一郎先生に相談し、東工大学内に寄付講座をつくり、当時静岡県立静岡がんセンターで研究をしていた小倉俊一郎先生を准教授に迎えました。小倉先生は大倉先生のお弟子さんで、学生時代からALAの研究をしており、私の昔からの研究仲間でもありました。

小倉先生はがん関係が専門で、ALAを飲ませて、尿内のポルフィリンを測定し、がんの有無をスクリーニングする原理を発見された方です〈M. Ishizuka他による論文「Porphyrins in urine after administration of 5-aminolevulinic acid as a potential tumor marker」『Photodiagnosis and Photodynamic Therapy』8巻4号328-31頁（2011）〉。ALAとミネラルで、ミトコンドリア活性が上がるという仮説も、マウスを用いて証明した研究者で、専門的にいうと、ミトコンドリアの電子伝達系の「複合体IV」を向上させることを証明されたのです〈前掲57頁20行目の文献と同〉。この「複合体IV」とは体の中で酸素を使う唯一の箇所です。私たち人間は、息をしないと生きていけませんが、ALAはその根本の内呼吸に直接関わる「生命の根源物質」なのです。

また、山形大学の中島修先生とは、遺伝子組み換えでALAの生産が下がった動物をつくる研究を行いました。マウスのALA合成酵素の遺伝子を破壊すると、胎生致死で生まれてこないのですが、それはALAをつくることができないと生きていけないからだと考えることができます。2対ある遺伝子の片方だけを破壊すると、表現型は正常なので普通に生まれてくるのですが、年をとると、例外なく糖尿病になり、筋肉も弱ってきます。しかしそれから1週間、ALAを飲ませると完全に正常化するのです〈S. Saitoh他による論文「5-aminolevulinic acid (ALA) deficiency causes impaired glucose tolerance and insulin resistance coincident with an attenuation of mitochondrial function in aged mice」『PLOS ONE』13巻1号189593（2018）〉。

私たち人間も、歳をとるとALAの合成力が下がることが知られており、ALAは一昔前に、成人病と呼ばれていた加齢に伴う多くの病気にも有効なのではないかということが考えられます。

「ALA」を活用した様々な研究開発

徐々に社員も増え、今度は中島元夫という大物が加わります。前述の「ペンタキープ」は、夏場のグリーンを強くするものとして、ゴルフ場にも使われています。掘り上げると、根が太く、深く密に張っていることが見て取れました。これを見て、頭にかけると毛が生えるのではと思いつき、動物で試したら、確かに効果が見受けられました。コスモ石油在籍時代のこの私の研究にメガファーマが興味を示したのですが、そのメガファーマのインターナショナルファインダーのトップが中島さんでした。

その中島さんに、後日バイオベンチャーに移ったことを伝えて、「ALAのがんへの応用もやるつもりだ」と話をしたところ、がん転移の専門家の中島さんも、ALAのがん分野の可能性を信じて、メガファーマから小さなバイオベンチャーに合流してくれることになりました。

中島さんの合流により、がんの術中診断薬開発が加速します。脳腫瘍の診断に関しては、独メダック社の協力も得て、ノーベルファーマとの共同開発で、2013年に脳腫瘍術中診断薬としてALA内服剤の承認をいただき、ようやく金子貞男先生との約束が果たせました。

2017年末には高知大の執印太郎先生、井上啓史先生をはじめとした医師主導治験を引き継ぎ、SBIファーマ単独で膀胱がんへの適用拡大を果たしました。これは世界初のALA経口投与による膀胱がんの術中診断薬で再発率を大きく下げます〈K. Inoue他による論文「Comparison between intravesical and oral administration of 5-aminolevulinic acid in the clinical benefit of photodynamic diagnosis for nonmuscle invasive bladder cancer」『Cancer』118巻4号1062-74頁（2012）〉。

有明のがん研究会有明病院との共同研究で、がん研が保有する39種のがん細胞の全てが、ALA投与でポルフィリンを蓄積することも確認しました〈Y. Kitajima他による論文「Mechanistic study of PpIX accumulation using the JFCR39 cell panel revealed a role for dynamin 2-mediated exocytosis」『Scientific Reports』9巻1号8666（2019）〉。診断に有用なのはもちろんですが、皮膚がんや子宮頸がんの光線力学治療の研究が知られており、さらには放射線増感への展開も期待されています。また、がんだけでなく、薬剤耐性菌の殺菌にも応用範囲が広がっています。

それからALAは、除草剤と同じ作用で、がんを光らせたり殺したりする医薬品なのですが、他の抗がん剤と異なり、体の中でつくられている天然のアミノ酸です。クロロフィルの前駆体でヘモグロビンの前駆体ですから、野菜にも肉にもALAが含まれています。

様々な食品のALA含量を、女子栄養大の根岸由紀子教授らと調査し、発表しました〈笛木正一他による論文「食品中の5-アミノレブリン酸分析法の開発」『Porphyrins』19巻1号9-14頁（2010)〉。ほとんどの食品にALAは含まれていて、ヘモグロビンをもたないイカやタコにも含まれます。ミトコンドリアをもつ生物は必ずヘムを使うからだと説明できます。「足の数はイカより少ないのにタコの方がALA濃度は2倍」というのが、講演などでいつも使う私のジョークです。

全般的には発酵食品のALA濃度が高い傾向があります。お米を磨きに磨き、鉄の少ない水で醸す大吟醸酒は、酵母にヘムが不足して代償的にALAが高いのだと思います。赤ワインも原料となるブドウがアルカリ土壌でつくられることが多いので、鉄が低く、酵母がヘム不足を起こすため、ALA濃度が高くなるのだと思います。

「ALAが多いから」と家内に言い訳をして、私はそうしたアルコールを飲むのですが、飲みすぎが体に悪いのはいうまでもありません。そこで、酒粕を調べてみると、十分にALAが含まれていることがわかりました。酒粕から抽出したALAは、食品からの抽出物なので食品に添加可能です。ALA配合美容ドリンク「花蜜」を開発製造し、販売して実績をつくりました。

その後、醗酵品との同等性試験をクリアしたうえで、バイオマテリアル社の泉可也社長と一緒に、厚労省に食品薬品区分の確認を申請しました。大変苦労しましたが、厚労省より効果効能を謳わない限り、発酵法のALAリン酸塩は食品との確認をもらいました。

ALA配合（もちろん鉄も）の健康食品はすでに上市され、ALA配合サプリを用いた介入試験も盛んに行い、論文も糖尿病関係や運動性向上、睡眠改善、呼吸効率改善、気分改善など10報を超えています。

厚労省的には効能効果を謳わない限り食品なのですが、消費者庁にはエビデンスがあれば効果を表示してもよいという機能性表示の制度があり、発表した学術論文を根拠として「アラプラス 糖ダウン」や「アラプラス 深い眠り」などが販売されています。また、機能性表示食品は健康な方向けの制度ですが、病気の方には特別用途食いわゆる病者食という制度があり、これを目指して慶應義塾大学とサルコペニアの方への効果試験が、奈良県立医大とがん治療の副作用軽減の介入試験が進んでいます。

そして他にも、ALAはその可能性の追求がなされています。生まれつきミトコンドリアの機能が低い「ミトコンドリア病」という難病をご存じでしょうか。そのなかでも、リー脳症はシビアな病気で、患者さんの自然歴を追ったある研究では、4割近くの患者さんが21歳以下で亡くなっており、その死亡時年齢の中央値は2.4歳でした〈K. Sofouら論文「A multicenter study on Leigh syndrome: disease course and predictors of survival」『Orphanet Journal of Rare Diseases』9巻52（2014）〉。

埼玉医科大学の大竹明先生、千葉こども病院の村山圭先生たちとの共同研究で、患者さんの皮膚の細胞を培養する際に、ALAを加えればミトコンドリアの機能が上がり、呼吸も改善することがわかりました〈M. Shimura他による論文「Effects of 5-aminolevulinic acid and sodium ferrous citrate on fibroblasts from individuals with mitochondrial diseases」『Scientific Reports』9巻1号 10549（2019）〉。

小児の薬を開発するのは非常にハードルが高く、大手の製薬会社も避ける傾向があるのですが、先生方は治療法のないこの難病の子供たちを救おうと、医師主導治験を開始され、SBIファーマが治験薬を提供しています。

最初は日本医師会の補助金を得ての治験でしたが、フェーズIIで補助金が切れました。しかしフェーズIIIは、SBIファーマがスポンサーとなり、医師主導治験が進んでいます。治験中のため、詳しくは書けないのですが、症状が進み寝たきりになってしまった子供が再び歩けるようになった姿を患者会で見せていただいたこともあり、「早く医薬品にせねば！」と焦る日々です。

患者数はあまり多くない病気で、ビジネスとしては他の病気の開発を優先すべきなのかもしれませんが、子供の福祉にも取り組まれるSBIグループ代表の北尾吉孝さんが、子供の健康にも貢献されるのは意義あることだと思っています。

また小さな子供の病気に取り組むことで、多くの大人のミトコンドリア機能低下に伴う糖尿や腎臓病、肝臓病、がんなどの治療につながることが期待されます。

神様から与えられた「宿題」に取り組む——これからの私と「ALA」

それから海外でも、糖尿病が国民病である中東がALAに興味をもち、アラブ首長国連邦のネオファーマ社に、糖尿病とマラリアの開発権を導出することになり、ネオファーマの総帥であるB. R. Shetty氏にALAのポテンシャルを説明する機会を得ました。

ALAの生産は当時、コスモ石油の子会社（コスモALA）が、三菱グループのAPIコーポレーションという会社に委託して静岡県袋井市にある発酵工場で生産していました。製造拠点を自社でもつことは私の悲願でした。Shetty氏は、私のこれまでの研究を激賞され、「何か欲しいものがないか」と問われたので、「製造拠点が欲しい」と言いました。そうして、ネオファーマによりネオファーマジャパンが設立され、三菱グループより袋井市の発酵工場を譲り受け、コスモALAのメンバーも合流、現在、ALA製造能力を向上させるべく改造中です。

ネオファーマジャパンの社長には、私の相棒の河田聡史さんがすでに就任しています。そして私も、ALAの国際展開をはかるSBIファーマには顧問としての立場を残しつつ、ネオファーマジャパンに活動拠点を移すことにしています。

エネルギー代謝に関わる光合成、呼吸、メタン発酵はそれぞれ、クロロフィル、ヘム、メチルコバラミンで動かされていますがこれらの分子はALA8分子とミネラルからできています。ALAからヘムへと至るエネルギー代謝の中でも、代謝経路全体の反応速度を決定する律速段階といえる反応はALAの生合成です。つまり、ALAは生物におけるエネルギー代謝の始まりですから、ALAが全てのエネルギー反応の源泉と言っても過言ではないでしょう。生命誕生の秘密を明かす「ミラーの実験」でも、ALAは生成が確認されており、生命の誕生にも関係しているに違いありません。かつては毒物だと勘違いされてきたこともあるこの生命の根源物質の可能性を、「さらに世に広めていかなければ！」という思いが、今も私を突き動かす原動力となっています。

さて以上が、大変な駆け足でしたが、私のALAをめぐる研究開発物語です。この偶然と必然、成功と失敗が幾層にも重なった物語が創り上げられるなかで、多くの人に助けてもらいました。農業でも医療でも、その研究の世界では私以上のプロがたくさんいるのに、石油会社の新規事業から始めた門外漢の私が、「よくここまで来たもんだ」と自分を褒め、慰めたくなるときもあります。神様は「なぜ私にALAを託したのだろう」と時々不思議にも思います。自分で立ち上げた会社から去ることも、きっと神様から与えられた「宿題」がまだ残されているからなのでしょう。

ALAのポテンシャルを考えると、医薬の開発は私の手を離れても順調に進むようにも思います。ですからこれからは、発酵工場の本格稼働で出る残渣を利用した農業や飼料の研究開発に再チャレンジをしたいと考えています。「さあ、次に進め！」です。

今の世界には無限の社会的課題があります。例えば、日本で子供の死因ナンバー・ワンは脳腫瘍、世界ではマラリアです。こうした課題に研究者としてささやかな貢献ができたことは光栄ですし、また小児の難病であるミトコンドリア病の薬を子供たちに届けることができる日も近いと信じています。

ただ私は、近い将来に多くの子供が命の危険に直面するのは、病気でなく食糧不足だろうと思っています。耕作可能地、肥料投下量ともに頭打ちのなかで、残された可能性は、乾燥地あるいはアフリカではないでしょうか。77億人を超えたとされる世界の人口は、現在、国際連合でもいずれ100億人を超えていくだろうと予測されています。条件の悪い農地でなるべく少ない水で作物を育てる。抗生物質に頼らない健全な畜産で生活の根っこの部分で役立つといったことに、今後も注力していきたいと思っています。

まだ小規模ですが、すでにALA入り肥料をドローン散布する試験をしたり、エビの養殖ではALA入りの餌で感染症を防いだり、豚の感染症予防に使われたりと、小さな芽が出始めています。

農業や環境という人間の生活の根幹を支える分野で、「生命の根源物質」といえるALAを生かす仕事を、私の研究者人生の最後の「宿題」にできたらいいな。そして研究の一線を退いたら、理系進学を目指す中高生向けの本でも書くことができたらいいな——。そんな秘かな願いを抱きながら、晩酌のひとときを楽しむ今日この頃です。

第4章

グローバル経営からみた「ALA」
——その無限の可能性に惹きつけられて

SBIファーマ代表取締役 執行役員副社長

ウルリッヒ・コシエッサ

グローバル社会における医療・バイオ関連産業の動向

私たちの世界は今、環境問題と人口の増加という2つの大きな試練と向き合っています。そうした状況のなかで、医療・バイオ関連産業は、人間の平均寿命の延びに対応した健康増進に包括的に貢献することが、地球規模で期待されています。

なぜ包括的にと言ったかというと、それは、人々のクオリティ・オブ・ライフ（QOL。「生活の質」を指す）の向上や健康の増進を目的とする医療・バイオ関連の事業開発が、人口増加、さらには高齢化社会の促進にもつながるという矛盾を抱えているからです。この最終的に哲学的議論を要する問題は、今後ますます私たち人類にとって大きな課題となっていくことでしょう。

例えばアルツハイマー病やパーキンソン病といった神経変性疾患のような、いくつかの疾患は、数十年前には世の中では知られていないものでしたが、人々の寿命が延びたことで注目されるようになり、ますます大きな課題になっているように思われます。以前から知られていた狭心症や心筋梗塞といった心血管疾患やがん、さらにその他の人間の生命を脅かす疾患が、高齢化が進むことで増加しているという現状もあります。

また、医薬のトレンドは、幅広いアプローチよりも標的療法に移行しています（がんの治療を例にとると、化学療法剤を全身に巡らせて治療する従来の方法に対して、現在では、バイオ医薬品を使って、病気に関与している特定の分子を標的として治療する方法もあります）。しかし、このような新しい治療法も、生物がもつ生命システムの複雑さのために課題に直面しています。

腫瘍性疾患は多因子疾患と呼ばれる、いろいろな因子が組み合わさって発生する疾患です。そのうちの1つの因子を狙って治療をする標的療法は、一定の期間は効果を示しますが、腫瘍がその他の因子を使って生き延びる術(すべ)を見つけてしまうと、治療の効果がなくなる可能性があります。

しかしその一方で、1つの因子を狙う標的療法は、標的に対する特異性が高いので、正常細胞に対する副作用がないとはいえないにしても、それは非常に低く抑えられています。このことは、医療分野における目標の1つを満たしています。医薬品や治療方法は、よりよいQOLを達成するために、可能な限り軽度な副作用で、最大の効果を発揮するように開発されています。

さらにいえば、社会の分断化はますます進んでおり、国の経済状況や医薬品の開発能力に応じて医薬品が利用できるかどうかが異なっています。これは、医薬品開発に必要な各ステップにおいて高度な要求事項を満たすことが求められるため、最近の医薬品の高額化がますます進んでいることが背景にあります。あるアイデアを医薬品として使用可能な製品として患者の方々に利用してもらうまでに、数百億円の投資が必要になることはよくあることです。

このことを踏まえると、医薬品開発においては、有効性だけではなく、QOLや社会的影響、さらに最終的には、将来性のある医薬品が世界的に利用可能かどうか、といったことを考慮することが求められています。そのような要因を総合的に考慮していくことが、結局は、医療・バイオ関連業界がもつ倫理的責任を果たす唯一の方法だといえるでしょう。

そして、このような種々の課題、条件と向き合う医薬品開発において、5-アミノレブリン酸（ALA）は非常に魅力的な分子です。多様な機能をもっていて、将来の医療の世界で重要な役割を果たすことでしょう。

これまでもそして現在も、SBIグループは、腫瘍学のような特定の分野だけでなく、上記のように様々な分野で、生理学的化合物としてのALAの開発をサポートしています。

グローバルな組織の特定の地域におけるホットスポットと日本、ヨーロッパ、米国の主要なスポットを備えた無駄のない独自のパイプラインをもつSBIグループの究極の目標は、このALAというユニークな分子の開発を通じて、様々なヘルスケアおよび栄養アプリケーションで社会の発展に貢献し、様々な疾患の治療を改善するだけでなく、生活の質を大幅に向上させることです。

時間の経過とともに、この分野に関心がある様々な企業からの支援や学術研究に牽引されて、時を経るごとにALAに関する知識はますます広がり、現在ではALAに関する膨大な知識が蓄積されています。それだけでなく、デバイス技術と光管理技術の進歩も、この分子の可能性がどれほど大きいかを示しています。この分子をさらに追跡し、様々なアプリケーションで利用できるようにしてみたいと思うようになりました。そして科学者としての教育を受けた私は、この分野を深く掘り下げ、潜在的な限界を探すように駆り立てられました。

ただ、率直に言って、最初の段階では制限がないとはとても思えませんでした。しかし、私が認めざるを得ないのは、これまでのところ、すべての挑戦と障壁は結局克服できるものであったということです。それ以来、アプリケーションの数はほぼ毎日のように急速に増加しています。

「ALA」と私の出会い――研究者から経営の世界へ

常に大きな社会問題に直面しているこの事業と経営に携われることを、私は誇りに思い、やりがいも感じています。ここでは、私がこの業界に深く関わるなかで、ALAと出会うことになった経緯について紹介したいと思います。

私が大学で学んだ分子生物学は、非常に魅力的で、学ぶほどに科学に対する関心はますます高まる一方でした。私は修士課程と博士課程を修了し、1993年に卒業しました。遺伝子発現と細胞生物学の研究を行い、この分野で博士論文を提出しました。

博士号取得後は、ドイツ・ベルリンに拠点を置くシエーリングAG（現バイエルAG）に研究員として入社しました。そこでは、マイクロインジェクション法によるアルツハイマー病や筋萎縮性側索硬化症などの神経変性疾患の動物モデルの確立に取り組みました。すべてが非常に科学的であり、私が情熱を注げるものでした。

妻と結婚し、長女が生まれた頃、会社はR&D活動を削減する方針を打ち出し、私は新しい職を探すことを余儀なくされました。偶然、私はドイツ・ハンブルクに拠点を置く、メダックという、腫瘍領域を専門とする小さな製薬会社の創設者のアシスタント職をオファーされました。研究開発に携わる仕事のオファーがなかったため、メダックに入社することに決めました。私にとってこの転職は、ラボでの研究からオフィスでの執務へと大きく舵を切ることになりました。妻は、私はほんの数カ月ももたず退職し、研究職に戻るだろうと考えていました。
　メダックでの仕事を始めるとき、上司は、私に専門家・研究者の道から離れ、「ゼネラリスト」になってほしいと言いました。私は彼の導きに惹かれました。彼の対人スキルは非常に優れていて、優しくて信頼のおける、そして常にフレンドリーな、立派な人物でした。それでいて、決して独裁的ではありませんが、強い会社経営を行なっていました。彼は私のメンターになり、製薬会社の経営の道を切り開いてくれました。
　私はメダックでは約6年間、彼のアシスタントとして緊密に接しながら務め、その後、海外事業部門責任者（はじめはディレクター、のちにバイスプレジデント、最終的には2010年よりマネージングディレクター）として事業に従事しました。15年間で、当初売上2千万ユーロ、従業員30名だったメダックの海外事業部門は、売上2億4千万ユーロ、従業員225名の規模にまで成長しました。
　在任中、世界中で子会社を立ち上げる機会があり、オーストリアなどのヨーロッパの国々はいうまでもなく、日本、米国、カザフスタン、南アフリカなど、様々な文化に触れるようになりました。異文化間でコミュニケーションとチームワークを確立させるのは、とても楽しいものでした。私はメンターすなわち上司の信念を引き継ぎ、信頼と尊敬を対人関係の基盤とすることを、チームの士気向上と成功のためのカギとしました。複数の国において新商品を発売させることに成功し、メダックの海外売上の割合を15％から60％にすることができました。
　その間も上司は、私が研究開発子会社の経営に関わることで研究に携わることを許してくれました。最初はがんのワクチン開発でしたが、これは残念ながら成功に至りませんでした。

次に関わった会社は、メダックが株式の80%を保有する、ALAの開発会社フォトナミックです。2002年に設立された当初はアドバイザーとして関わっていましたが、2008年に同社のCEOとなり、メダック海外事業部の職と兼務することになりました。フォトナミックは製薬業界に初めて投資を行うドイツの投資家により設立され、彼らは資本を、メダックはノウハウを提供しました。

フォトナミックが設立された理由は、ALAそのものでした。メダックは、ALAが、がん以外の様々な分野でも可能性があることを発見しましたが、これらはメダックの事業領域から外れたものでした。しかしメダックはここで断念せず、事業をスピンアウトさせたうえで開発を進めることにしました。調査や開発を進めるなかで、残念ながら当初想定していたいくつかの適応の実現可能性が低いことがわかりましたが、これは医薬品開発ではごく当たり前のことです。

設立から10年以上たった2014年、私がすでに6年間もフォトナミックのCEOとメダック海外事業部を兼務した頃、投資家がフォトナミックの持ち分を売却したいと考えていましたが、メダックは残りの20%を買い取る意向はありませんでした。代わりの少数株主としてSBIが参画しました。SBIは当時、子会社のSBIファーマを通じて5年間、ALA事業を行なっていました。私は株主であるSBIとメダック双方の承諾を得て、フォトナミックとメダックの兼務を継続しました。その後、SBIはメダックの保有する残りのフォトナミック株式の80%を買い取る形で決着しました。フォトナミックはメダックグループから離れ、SBIグループ入りすることになったのです。その頃、私は初めて北尾吉孝さんに出会いました。

SBIは私がフォトナミックのCEOを務め続けることを買収の条件としました。また、2016年の買収後、SBIは、私にメダックを離れ、フォトナミックの経営に専念するよう求めるようになりました。メンターのおかげで20年間過ごすことができたメダックをとるか、SBIに参画してフォトナミックを経営するか、2つの選択のあいだで私の心は揺れ動き、決められませんでした。

メダックでは200名を超えるメンバーを抱える事業部を率いており、彼らに対して責任を感じていたし、放り出せない、という思いでした。これに対して、その頃のフォトナミックは7人しか従業員がいない小さな研究開発会社でした。

最初はSBIグループからのオファーを断りました。この先もずっと、両方の職を続けられるよう願っていました。しかし、北尾さんは諦めませんでした。私は、メダックでのメンターに対しての感情と似たような共感の心を北尾さんにも抱いたことを認めざるを得ません。

その後、北尾さんと何度か話す機会があり、より理解を深めた頃、メダックでは組織再編が始まりました。SBIグループ内のより責任のある職を提示されたこともあり、最終的にオファーを受けることにしました。もちろん北尾さんの個人的な説得も大きな理由ですが、決め手は、魅力的な分子ALAに対するSBIの情熱と取り組みにありました。それはフォトナミックのこれまでのALAに関する経験とそれに裏打ちされた私の考えに合致するものでした。とても素敵な偶然が私のキャリアの上での重要なポイントとなりました。

2018年4月からSBIでの業務に専念しはじめ、ALAの世界がさらに開け、これまでよりも遥かに広がりました。新しい職務と北尾さんからの信頼で、フォトナミックとALA事業は新たな次元への展開をはじめました。SBIはSBI アラファーマというALA事業を統括する持株会社を香港に設立し、東京に拠点を置くSBIファーマとSBIアラプロモ、そしてドイツのフォトナミックを傘下に収めました。SBIファーマは研究開発を担い、SBIアラプロモはALA含有食品や化粧品などを日本で販売しています。北尾さんがCEO、私がCOO、平井研司氏がCFOとしてのリーダーシップのもとに新たに組織された「ALAグループ」は、ALAを基盤とする世界的事業を展開し、株式上場することを目指しています。

創薬業界に携わる人間からみた「ALA」の価値

大学を出たばかりの1993年の私に、誰かが私が現在やっていることを伝えたとしても、その人の言うことを私は信じたりしなかったでしょう。その頃の私は、白衣をまとった立派な科学者への道を進むと信じていました。また、私が初めてALAに出会った15-20年前に、誰かが私に、「遺伝子の働きに対してALAが作用する仕組みについて分子生物学を用いて研究している」と言ったり、「食品生産の効率化のためには、畜産動物の体内でALAに関係する酵素がうまく働いているかを調べる必要がある」と言っても、私はそれを信じなかったでしょう。それが今では、ALAが私の仕事を前進させる動機になっているのです。

これまでのキャリアで、私は2人のメンターと出会ったわけですが、ほかにも、いくつかの忘れがたい思い出ができました。一つはフォトナミックが開発し、パートナー企業を通じて世界30カ国以上で販売しているALA製剤です。ALA塩酸塩を主成分とし、脳腫瘍の手術のサポートをするこのALA製剤は、脳腫瘍の切除手術の数時間前に患者に投与し、脳を青色光で照らすと腫瘍だけがピンク色に光るので、執刀医が手術中に腫瘍の位置を特定するのを容易にする光線力学診断用剤です。

私は、札幌、ミュンヘン、ケープタウン、トロント、バンコク、メルボルンなど、世界中の様々な都市でALA製剤を使った手術に立ち会いました。世界各地の執刀医が興奮とともに、「おお！」と驚きの声を上げるのを見てきました。実際に役立つ現場に立ち会うと、言葉に表し難い気持ちになります。

もう一つは、米国食品医薬品局（FDA）がALA製剤の米国内での販売を承認するかどうかを決定する会議でのことです。ALA製剤は2011年、米国で承認が得られなかった過去があり、当時はこの素晴らしい製品を米国の脳外科医に利用してもらう方法はないと思われました。FDAによる審査の最終段階で、専門家パネルが参加して行われる公聴会に、脳腫瘍に苦しむ女性が小さなお子さんを連れて参加し、意見を述べました。その女性は、自分にはもう間に合わないかもしれないが、米国の他の患者を助けるためにも、他の国のように米国でALA製剤を使用できるようにしてほしいと懇願しました。さらに、お子さんもパネルに対して他の子供には脳腫瘍のような病気によって母親を失ってほしくない、と訴えました。このスピーチはとても心を動かすものでした。すでに何百回もALA製剤を使用して手術をしているヨーロッパのキーオピニオンリーダーもパネルに招聘されていたのですが、彼も目に涙を浮かべていました。その会議でパネルは満場一致で賛成票を投じました。それを受けて、数週間後の2017年6月にFDAが正式に承認しました。
また私は、ある病気の患者さんから写真をもらったこともあります。小さな子供さんが、歩くことができなかったのです。けれども、ALAと鉄剤を含んだサプリメントを摂取してから、立ち上がることができ、走るまではいきませんが、歩くこともできるようになったというのです。
そして私は、ALAを含んだサプリメント（栄養補助食品）を愛用されている人々を見てきています。多くの症例報告も、研究開発の数々の成功も見てきました。ALAは私をとても強く魅了し続けていますし、その魅力は、社会の多くの人々がALAをベースにした様々なソリューションにアクセスできるようにしたいというモチベーションにもなって、私の仕事を日々後押ししています。

「ALA」を広めていくうえで大切にしていること

このようなALAの能力や可能性に、日増しに多くのアカデミアの研究者が惹きつけられ、様々な研究機関、医療機関およびアカデミアにおいて、医薬開発のための多様な研究プロジェクトやアイデアが生まれました。
その一方で、このALAに対する高度な学術的関心——それは大半が未来の開発の重要基盤となるものですが——とは別に、私たちの社会をさらに発展させるために何が価値あるものになり得るか、例えば、QOLやヘルスケアの向上に貢献できるものは何か、といったことを考えることも必要でした。
創薬や将来の商業化に向けての実現可能性の観点から、これまでの研究によって導き出された知識に焦点をあて、合理化してその評価をしようとするなかで、アカデミアと医療およびバイオ関連産業界の間では、常に意欲的で積極的な、また、ときには困難な議論が交わされてきました。

実は、学術的に興味深いデータは生み出したものの、社会全体のヘルスケアや福祉に直接的な価値をもたらさなかったという医療・バイオ関連産業への投資事例は枚挙にいとまがありません。しかし、それは知識の泉を満たし、創造性とアイデアの基礎をつくるものです。

一方このことは、前にも触れたように、ALAのようにとても多様な潜在的用途がある場合には、明らかに重要なデータの一つとなるのです。そのうえで、社会全体のヘルスケアや福祉の向上にとって何が役に立つのか、ということに、優先的に焦点を当てることが重要であることは明らかでした。

個々の研究グループを一つの要素としてそれぞれ調整するのではなく、大きな研究グループとしてうまくまとめあげながら、スマートに投資することで、競争よりも「共創」が促進され、いわゆる「車輪の再発明」を回避することができます。学術的な知識を生み出せるようにすることは極めて必要なことですが、より焦点や対象を絞る必要があります。そして、生み出された知識について、しっかりとした厳しい評価を行うことによってのみ、どれが将来の医薬品やサプリメント、あるいは社会全体の健康と福祉の増進に寄与するという目標に沿ったその他の応用につながるのかを、とても早い段階で理解することができるのです。

アカデミア間の懸け橋となり、異なる地理的・文化的領域の間の懸け橋となるためには、非常に合理化され、焦点が絞られた、専門知識が豊富でつながりのある多文化的なグローバル組織であることが重要です。

そしてこのことを製薬会社が実現するうえで、必ずしも会社の「大きさ」は必要ありません。より専門性に特化した経験豊富な、つまり小さくても強い組織であれば、達成することは可能でしょう。

常日頃から、世界中の規制当局によって提供されるガイダンスを注意深く研究し、適切な解釈を見つけ、それに応じて開発活動を適応させることも重要です。これは基本的に、非常に慎重に目標を設定することであり、そのためには、規制環境と実際の医療ニーズの両方に合わせて、開発活動の一つひとつのステップを非常に詳細に分析する必要があります。これらのことはとても簡単なように聞こえるかもしれませんが、実際には非常に困難な作業です。多くの経験が必要であり、すべてのステップにおいて、改善と最適化を行うために他者から学ぶ能力も不可欠です。

私のマネジメントスタイルについて

製薬業界における医薬開発業務のマネジメントは特に、アカデミアとターゲットを絞った開発アプローチとを連携させることだけが課題ではなく、それ以上に、モチベーションの喚起が重要です。モチベーションは、研究開発を推進するための、さらに目標達成に集中するためのカギとなるものです。我々の業界には、研究発表するだけという選択肢はありません。結局のところ、我々の研究開発のすべては「製品候補」なのです。製品化が成功しなければ、すべてが中止となり、消え去ることになるという世界なのです。

アカデミアは主にデータや知識を生みだすことに尽力します。一方で、我々産業界における研究開発（新製品開発や既存技術の改良、独自技術の開発といったこと）は、収入と利益につながる結果を生みだすことに力を尽くします。それは最終的には、我々の社会の健康と福祉に貢献することになります。それを目的とした研究開発では、すべてのアプローチが成功するわけではないため、かなりイライラすることがあります。やりがいがあり、困難である状況にいるのが、我々にとってごくあたりまえの状態といえますが、このような状況では、関係者のモチベーションを維持することはとても難しいのです。

したがって、特に研究開発のマネジメントは、そのほとんどがモチベーションに関することだといえるのです。また、チームでの取り組みや個々のコミュニケーションやネットワーキングによってモチベーションを高めようとする以外にも、研究開発を推進するメンバーに成功体験をさせて何が起きているのかを理解してもらうこと、また、自分たちの研究開発が社会に大いに貢献していることを理解してもらうことも重要だと考えています。

モチベーションは、金銭的な動機だけではありません。研究開発全体をパズルに例えるならば、「パズルのなかの1つのピース」に焦点をあてる、すなわち専門家として求められている専門業務だけの遂行に限るのではなく、メンバーが研究開発の最初から最後まで関わる可能性があること、つまりパズルの初めから完成までを意識してもらうことが大切なのです。

そのためには組織内に、ネガティブに捉えられることが多いヒエラルキーを中心とした構造とは全く異なる「ポジティブな構造」としてのネットワークを構築する必要があります。

そして最後に強調したいのは、組織のマネジメントを担う経営層が、会社の業務から離れすぎないことが大切であるということです。これはとても重要なことです。会社は専門家とチームをもっているのですから、経営層はすべての細部にわたる専門家である必要はありませんが、社内のメンバーとのコミュニケーションをとれる必要があります。経営層が、現場で何が行われているのかをよく理解し、その課題を把握するための「近さ」を保つことが重要です。経営層が、現場からほとんど切り離されているような「トップマネジメント」となるのではなく、様々な分野のメンバーたちと話ができるような組織にしなければなりません。

そして、会社で働く人たちの、仕事以外の面も重視すべきです。社員が自分の仕事をどう感じているのか。安心でき、幸せであると感じているのか。それが常に経営陣の関心事であるべきだと考えています。経営者は、企業は家族のようなコミュニティであることを理解すべきです。

人間は誰でも、自分の行なっていることについて、良いと感じ、好きだと思い、なぜそれを行うのかを理解している場合にこそ、満足できるものだと思います。とても単純なことを言うようですが、現実はそうなってはいません。高速通信が発達し、目まぐるしく変化する現代社会において、この単純であたりまえのことを忘れないよう、細心の注意を払い続ける必要があるのです。

グローバルに活動する企業のなかには様々な文化が存在します。私が述べてきた経営理念の達成にあたって、様々な文化に入り込み、それらの文化を一つのネットワークにまとめてしまおうとすると、すぐさま困難に陥ることでしょう。我々は、米国の哲学の特異性と、それに対峙する欧州のものの見方・考え方、そして日本や中国といったアジア諸国の特質、そして違いを理解しているつもりです。同じ人間同士、そのことを認識し、目的を見失うことなく、様々な文化が共存して同じ方向に進んでいくことに、経営層が助力をしていくことが重要だと考えます。一艘のボートに同乗して、同じ方向に進んでいくようにしたいのです。

おわりに

それぞれの国、それぞれの文化を超えて、現代的なビジネス習慣と伝統とを兼ね備えることができる人に、私はいつも感銘を受けます。伝統は価値あるものであり、何世代にもわたる経験の積み重ねという強みがあります。これは、私が日本の文化で強く感じることであり、日本の方々と働くことを楽しんでいる理由の一例です。

今日、お金というものが、たとえ私たちの産業を発展させる重要な原動力だとしても、果たして「それだけ」なのかというと、そうではないでしょう。人間も同様に、それぞれが擁する「専門知識」だけでなく、伝統に裏打ちされ、過去の歴史に根づいた種々の社会的能力というものがあるはずです。

もちろん現代的な思考は、未来へ進む原動力です。しかし、どこを目指して行くのか、その方向を定めるのは私たちであり、それは、歴史や伝統に基づく個々の人間の社会的能力、いわば「人間力」によって導き出されるのではないでしょうか。

米国ではほぼ失われていますが、日本ではこの考えが依然として強く残っています。それは、例えば以下のようなことです。米国では相対する者に対してどのようなことが起こるかの配慮なしに、自身だけの利益を最大化することを目的として「取引」をする傾向があります。この傾向は日本では全く異なっており、「相手の顔を潰さない」ことが重要視されています。これは双方にとって重要で、どちらか一方が完全にたたきのめされたと感じることなく、双方が誠意をもって扱われたと感じる結果になれば、将来の強固な関係を築くための基盤になります。

これは先述した内容にも通じます。「人との関わりや積み重ねた信用があなたを成長させる」ということです。烏合の衆は小さな丘しか動かすことができなくても、強固でモチベーションの高い集団が一丸となれば「山をも動かす」ことができます。

このことを、現在の新型コロナウイルスの流行でも垣間見ています。信頼や真の意味での協業、協力の重要性です。良いチームはこの新しい環境でも問題なく働けており、リモート会議はときに実際の会議を開くよりも効率的になり得ます。しかし、じきにリモートビデオや電話会議では何かが足りていないと気づきます。それは「ボディランゲージ」、ミーティングにおける人々の実際の存在です。たしかに、ほとんどの会議はリモート会議に置き換えることができます。しかし、真に重要な戦略会議や事業計画会議には、実際の出席が不可欠です。

我々の生活様式は新型コロナウイルスによって変革を迫られており、そこではリーダーシップが必要とされています。なぜならこのパンデミックのようなコントロールができない状況では、人々は今まで以上に行動規範・指針といったものを求めるからです。

一般論として、私たちは新たなグローバル化やコミュニケーションの方法を学ばなければいけません。そして、結局のところ世界は小さく、傷つきやすいものであることに気づくのです。

多くのサプライチェーンが中国のみを頼りにしてきましたが、グローバル化とはそうした単一の供給源への依存を意味するわけではありません。ブロックチェーンのアプローチのように非中央集権化され、うまく構築されたネットワークは、より強く、信頼できるものです。

人口過剰や環境汚染などの問題のように、人類が地球を軽んじる行動を続けていれば、いつか必ずしっぺ返しがあります。教訓から学ばず、かけがえのない地球を尊重して責任のある行動を取らなければ、新型コロナウイルスへ対処できた後も、別の脅威が襲ってくるでしょう。

最後にもう一つ大事なことを記しておきます。ALAには無限の可能性があるため、上述の問題の解決に重要な役割を果たしたとしても不思議ではありません。それもまた、私を惹きつける大きな理由なのですから。

（本章の翻訳はSBIグループにて行われた）

II部

医療と健康の最前線における「ALA（アラ）」

第5章

「ALA」の「これまで」と「これから」

SBIファーマ取締役 執行役員開発本部長

中島元夫

はじめに

植物や動物における生命の根源物質ともいえる5-アミノレブリン酸（ALA）は、細胞の発電所といわれるミトコンドリアのみで生産されますが、その科学研究の歴史は比較的浅く、ALAを原料として生合成される最終産物のクロロフィルやヘムと比べても、その生合成経路の解明は遅れていました。

ましてやALAの農業や医療への利用について語られるようになったのは意外にも20世紀の終わり近くになってからです。これは一つにはALAの化学合成が難しく、その収率が悪かったことにもよります。

このような状況を打破するに至れたのには、コスモ石油でALAの発酵法による生産の研究開発に没頭された田中徹氏の活躍によるところが極めて大きいのです。つまり、田中氏とその仲間が、本来は太陽の光が当たらないと増殖できない光合成細菌の遺伝子を進化させる方法でその変異株を創り出し、光のない暗闇の発酵タンクの中で大量に培養することに成功して、非常に廉価に高純度のALAを生産する方法を編み出したことにより、ALAの科学研究への利用を加速させることができたわけです。

彼とその仲間の功績なくしては、現在の高齢化社会にALAが役に立つ時代は決してやってこなかった、といっても過言ではありません。

本章では、その田中氏が先導役となったといえるALAの研究開発が、現在、各方面でどのような広がりをみせているのか、を紹介していきます。読者の方々がその先端事情に触れていただくことで、今後のALAの可能性について、より理解と関心を深めてもらえるようでしたら、幸甚に存じます。

「プロトポルフィリンIX」の利用

前出のように、ALAの農業的利用は、ヘムの前駆体であるプロトポルフィリンIX（PpIX）が光により活性化されて、細胞を殺すという発見から始まりました。PpIXに鉄イオンが結合するとヘムになります。PpIXには、ヘムにはみられない面白い性質が二つあります。ある特定の波長のレーザー光を当てると、一つはそれ自体が発光すること、もう一つは細胞毒である活性酸素を生み出すことです。活性酸素は細胞を殺す作用がありますので、まずは除草剤への応用が考えられました。

一方で、医療的な応用では、ワールブルグ効果として知られる細胞内酸素呼吸をしないがん細胞が、特異的にヘムの前駆体であるPpIXを蓄積することから、これを蛍光で検出して、さらに活性化してがん細胞を殺すという、光線力学診断（ALA-PDD）と光線力学治療（ALA-PDT）が考案されました。PpIXはレーザー光だけでなく、各種の放射線や超音波、熱などによっても活性化されますので、同様にがん細胞に対する放射線力学治療であるALA-RDTや超音波力学治療のALA-SDT、温熱療法のALA-HTなどの応用開発研究が続けられています。

ちなみに「ワールブルグ効果」を簡略に言うと、がん細胞が行う、正常細胞とは異なるエネルギー代謝のことで、酸素を使わないで（つまり、ミトコンドリアによるエネルギー代謝を行わないで）、解糖系に代謝をシフトすることです。ミトコンドリアでは、糖質・脂質・タンパク質などの栄養素を代謝して熱やATPに変換してエネルギーを生み出し、そのためには酸素を必要としますが、これに対して酸素がない状態でエネルギー（ATP）を生み出す過程を、解糖系といいます。人体では、ミトコンドリアをもたない赤血球などで行われるものです。

「ALA」の新しい時代の幕開けに立ち会う

今から30年ほど前には動物であれ植物であれ、ALAを原料として生合成された中間体のPpIXによる殺細胞作用のみに注目が集まっていたわけですが、除草剤としての開発を試みていた田中氏と共同研究開発者らにより、除草効果とはまったく逆のALAと鉄による植物の育成という思わぬ恵みの効果が発見されたことは、ALAの科学の大きな転機となりました。

さらに、田中氏が芝生の育成効果から人の毛髪の育成に目をつけたことが、医療やヘルスケアへの応用を手掛ける端緒となったのです。この育毛効果の検証を、私が米国のジョンソン・エンド・ジョンソンのコンシューマー研究所で実施したことから、田中氏との交流が始まり、ALAの新しい時代の幕開けに参加することができました。鉄剤の添加により光感受性を見事に防止して、発毛と育毛の効果を確認できたのです。

残念ながら、ジョンソン・エンド・ジョンソンはファイザーのコンシューマー事業部門を買収し、日本では「リアップ」という販売名で大正製薬がライセンス生産販売をしていた育毛剤が手に入ってしまったため、コスモ石油からジョンソン・エンド・ジョンソンへの大きな導出契約が成立することはありませんでした。そして、ここから医療領域におけるALAの研究開発が、コスモ石油を離れてベンチャーファーマとして立ち上がる契機となったことは間違いありません。

この事業に私が参画したときは、創薬研究の専門家として、またがん転移の分子機構の解明と分子標的薬の研究開発の専門家として加わったので、主にはALAをがんの診断と治療に適応開発することを目指していました。しかしながら、日本では、エーザイ系列のサンノーバ社により二価鉄のクエン酸第一鉄ナトリウムがサプリメントと経口薬剤としてすでに販売されており、このクエン酸第一鉄ナトリウムとALAとの併用が、様々な生理作用や薬理作用を引き起こすことに、非常に大きな興味をもつようになりました。

光合成細菌を用いた発酵法で生産されたALAとクエン酸第一鉄ナトリウムを含むサプリメントが上市されると、様々な生理的機能への影響が報告され始めました。驚いたことに、ミトコンドリア機能の亢進により起こる基礎代謝の活性化、糖質や内臓脂肪の燃焼、体温の上昇、食後血糖値の改善などに加えて抗炎症効果や二日酔い防止などが見いだされたのです[(1)]。

これらの様々なALAから得られる生理作用は、培養細胞を用いた試験やマウスやラットの疾患モデル（人間と同じ疾患をもつように、遺伝子組み替え技術などを応用してつくられた実験動物のこと）においても実証され続け、それらの作用メカニズムの解明が一気に進みました。一方で、これらの諸々の生理的作用の研究の進捗に伴って、作用メカニズムを理論的に分類する必要が生じてきました。

マラリア感染症と「ALA」に関する逸話

コスモ石油では南太平洋開発途上国の緑化支援を行い、一方でこのような国々の留学生の支援と交流も行なっていましたが、日本で市販されているALAを母国に持ち帰ったソロモン諸島の医師から、「マラリアに感染した子供たちにALAを投与したところ、たちまち熱が下がり回復してしまいましたが、ALAがマラリア熱に有効だという証拠はありますか?」という驚きの質問が飛び込んで来ました。

早速、文献検索をしたところ、ヒト培養赤血球に感染させたマラリア原虫にALAを投与して光を当てると、原虫を殺せることが学術誌にすでに報告されていました(2)。そこで、東京大学大学院医学系研究科の教授をしておられた北潔先生に、マウスと培養赤血球における感染実験の共同研究を申し入れました。

結果は意外に早くわかり、マウスでは経口投与されたALAがマラリアに対する防御効果を発揮することがわかりました。培養されたヒト赤血球中のマラリア原虫では、ALAの投与により細胞内小胞へのプロトポルフィリンの蓄積が起こることがわかりました。プロトポルフィリンが光により活性化されて原虫を殺す効果が発揮されたと思われました。

サプリメントには二価の鉄が含まれていますので、様々な二価の金属イオンを添加してそれらの効果を調べたところ、二価鉄イオンをALAと併用したときにおいてのみ、光照射なしでも殺原虫効果を発揮することがわかりました。マウスを用いた1年にわたる長期の再感染試験からは、ALAと二価鉄の投与によりマウスマラリアに対する治療効果とワクチン効果が発揮されることも判明しました[3]。つまり主要なマラリア原虫膜抗原に対する抗体が誘導されており、再感染に対する耐性を獲得していたのです。

このワクチン効果の発見はマラリア感染症に対する海外での治験を開始する根拠となり、ネオファーマジャパンによりラオスやタイで臨床試験が行われています。

各種「ALAサプリメント」発売の舞台裏

ALAとクエン酸第一鉄ナトリウムを併用すると、正常細胞ではヘムの生合成が促進されてミトコンドリア呼吸鎖の活性化が起こり、各種の細胞内代謝が亢進されます。このメカニズムにより、インスリン耐性の2型糖尿病に対する改善機能が発揮されることがわかりました。

実際、アミノレブリン酸合成酵素の遺伝子を半分欠損するマウスでは、若齢では異常が観察されませんが、高齢化とともに2型糖尿病の病態を呈し、これにALAを経口投与すると、インスリン耐性が克服されました。これは山形大学医学部遺伝子研究センター教授の中島修先生により発見されました。人においては、広島大学薬学部とハワイ大学医学部代替医療学科で、大規模な糖尿病予備軍の健常人を動員するサプリメントの介入試験が行われました。その結果、食後血糖値と血中糖化ヘモグロビン（HbA1c）の正常化を誘導することがわかり[4]、日本では機能性表示食品として登録されて「アラプラス 糖ダウン」がSBIアラプロモより販売されることになりました。

この時のハワイ大学の介入試験では、多様な健康状態の診断が同時に行われましたが、睡眠の質の向上が最も顕著であったことから、同社から「アラプラス 深い眠り」という機能性表示食品も登録販売されることになりました。

さらに2型糖尿病のために複数の既存薬で治療中の患者さんを動員するALAサプリメントの安全性試験が、東京大学医科学研究所附属病院において、当時附属病院長でおられた山下直秀教授の指揮で行われ、安全性の確認とともに既存薬の効果を高める傾向が報告されました[(5)]。

近年、食生活習慣の変化の激しい中東産油国では、老若男女の区別なく生活習慣病としての糖尿病が蔓延していますが、元アラビア湾岸諸国立大学医学部教授で前バーレーン王国保健相であった駐日バーレーン大使のカリル・ハッサン博士の紹介により、バーレーン国防省病院において糖尿病に対するALAによる二重盲検の介入試験が行われました。

驚いたことに、試験担当医師たちの食生活習慣にわたる厳重な指導の下では、すべての被験者において糖尿病の指標である血中HbA1cの顕著な改善が見られました。しかしながら偽薬群では徐々に元の高いHbA1c値に戻ってしまったのに対して、ALA投与群では引き続きHbA1cの低下が観察されたのです。

インスリン分泌を促進するスルホニルウレア剤を投与されている患者では、有意に相乗効果があることも示唆されました[(6)]。これらの基礎と臨床試験の成績をもとに、2型糖尿病に対する治験の権利が初めて導出されることになりました。

「ALA」とミトコンドリア病

細胞の発電所であるミトコンドリアを構成するタンパク質の

遺伝子の異常は、脳神経系や筋肉の機能異常を引き起こして様々な全身症状を呈することが知られています。その疾患は総称してミトコンドリア病（ミトコンドリアの働きが低下することで細胞の活性が低下して起こる病気の総称）と呼ばれています。

ミトコンドリアは糖質や脂質を原料とするクエン酸回路やフマル酸回路という代謝から得られる電子エネルギーと酸素を使って化学エネルギー通貨となるATPをつくっています。実際には、ミトコンドリア内にある呼吸鎖複合体という場所で、エネルギー代謝を行い、ATPをつくります。呼吸鎖複合体は、複合体I～Vの5つに分かれていて、そのうちのI～IVまでは電子伝達系と呼ばれています。複合体IはNADHを酸化する作用、複合体IIはコハク酸を酸化する作用があり、この2つの過程でミトコンドリア内にあるユビキノンはユビキノール（コエンザイムQ10）になります。ユビキノールは複合体IIIで酸化され、奪われた電子はシトクロムcを還元し、さらにそのシトクロムcは複合体IVで酸化されることで水をつくります。これらの一連の化学反応により、呼吸鎖複合体の中を電子が運ばれるとともに、水素の陽イオンであるプロトンがミトコンドリア内から膜間スペースに汲み上げられてプロトン勾配をつくります。そして汲み上げられたプロトンは複合体Vにより高エネルギー物質のATPの製造に使われます。それはちょうどダムを利用した水力発電のようなシステムに例えることができます。

主に複合体Iを欠損しているミトコンドリア病の治療の研究では、脳神経に異常をきたす「リー脳症」の患者さんたちの皮膚の線維芽細胞を培養して、ALAの及ぼす効果を調べた結果、欠損している複合体Iの代替をする複合体IIの過剰発現状態を

ミトコンドリア内膜における電子伝達系の概略図（著者作成）

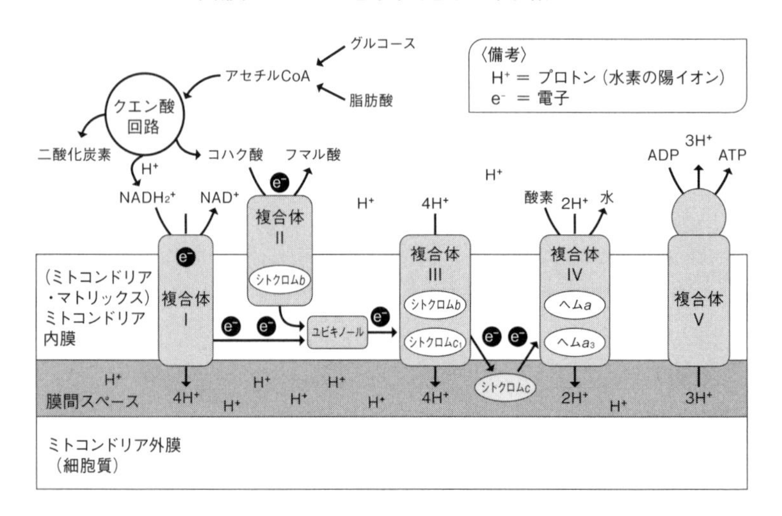

改善して、一方で発現低下を示していた複合体IIIとIVを増強して電子の流れを円滑化していました[7]。さらに複合体Vによる ATP の産生量が増加することがわかりました。

これらの実験結果をもとにして、ミトコンドリア病の「リー脳症」の患者さんたちに対する臨床試験を開始することになり、まもなくフェーズIIIの検証試験が完了する予定です。

高齢化社会における ミトコンドリアの活性化と「ALA」の価値

ミトコンドリアの活性化と高齢者の運動能力向上を示したのは、信州大学大学院医学系研究科（スポーツ医科学）教授の能勢博先生です。筋肉の細胞内にあるミトコンドリアは、体内のエネルギーをつくりだしています。運動により下半身の筋肉を増やすと、ミトコンドリアが増えエネルギーも効率よく供給されます。しかも、運動で筋肉中のミトコンドリアを活性化すると、活性酸素が発生しにくくなり、さらに細胞の炎症を抑える物質が生み出されます。

長野県は常に男女別平均寿命最長都道府県の1位や2位にランクされていますが、能勢先生は松本市と協力して高齢者のための「熟年体育大学」を設立し、熟年者のための健康法として「インターバル速歩」を開発されました。

60歳以上の熟年体育大学の女子学生を動員して、ALAサプリメントが運動時の酸素燃焼効率の向上による酸素消費量の軽減と二酸化炭素排出量の削減、さらに運動時の血中乳酸値の上昇の抑制を引き起こすことを発見されました。そして参加者全員の1週間の総運動量が50%も増大することも見いだしました(8)。

これらの結果により、ALAサプリメントはトレーニングやスポーツによる筋肉疲労の軽減に役立つものとして、また加齢による運動量の低下をサポートする新たな機能性表示食品としての「アラプラス からだアクティブ」(販売:SBIアラプロモ)が生まれたのです。

高齢化社会では、アルツハイマーや認知症の他に、より多くの人が被ることになる骨格筋の衰えとしてのサルコペニアが大きな問題となっています。

これまで長期にわたり疾病として見なされてこなかったサルコペニアに対しては、特異的な治療法や予防法が開発されることはありませんでしたが、昨年、日本の厚労省は、サルコペニアに対する治療と予防のための医薬品やサプリメントの開発に支援策を講じることを発表しました。

そこで慶應義塾大学医学部腎臓内分泌代謝内科教授の伊藤裕先生が指揮する研究グループは、サルコペニアのマウス病態モデルを使って、ALAサプリメントがサルコペニアの病態を改善することを突き止められました[9]。

細く弱った筋肉の状態の改善が顕著であったことから、慶應義塾大学医学部附属病院では、日本医療研究開発機構の支援を受けて、治験に参加していただけるサルコペニアの患者さんを募集しています。ALAサプリメントは、サルコペニアの進行の防止に役立つとともに、罹患者の筋力と活力を回復させる機能性表示食品として期待されています。

がんやウイルス感染症と「ALA」

細胞内にALAが取り込まれると、ヘムの生合成が促進され、過剰のフリーヘムが蓄積するとヘムの代謝酵素であるヘムオキシゲナーゼ-1（HO-1）が誘導されます[10]。代謝酵素とは、人体に吸収された栄養素を実際に働くように化学反応をうながすタンパク質です。反応速度を速める働きがありますが、自身は変化しません。代謝酵素には常につくられているものと、必要時に産生が誘導されるものがありますが、HO-1はヘムにより誘導されます。

ヘムはHO-1によりビリベルジンと一酸化炭素（CO）と二価鉄に分解され、ビリベルジンはさらに特異的な還元酵素によりビリルビンに変換されます。これらはいずれも抗酸化物質であり、強い抗炎症効果を発揮します。ALAが8個環状に合体したものがヘムの素になっています。しかし、ヘムは、このようにまったく別の分解産物となるため、一旦ヘムに合成されたALAが再利用されることはありません。これは再利用が可能なタンパク質を構成するアミノ酸とは全く異なる重要な点で、

ALAの生合成能力が劣化することが老化の原因となる理由でもあります。

抗炎症効果の発揮に必須な遺伝子発現を調節するタンパク質(Nrf2)とこれに依存するヘム分解酵素(HO-1)の誘導は、ALAによる薬効の重要なメカニズムなので、ALAは様々な治療領域の疾患への適応が考えられるようになりました。

例えば、ヒトやマウスの体の中で免疫寛容(特定の抗原に対する免疫の反応が抑制されるか欠如することにより、免疫反応が起こらない状態のこと)を起こすメカニズムには、このHO-1が必須であり、高用量のALAの投与により臓器移植における移植片の拒絶を防止することができます。これらの研究の成果は、国立成育医療研究センターの李小康先生との共同研究から得られました[11]。

次にHO-1誘導の効果として注目されたのは、抗がん剤治療による腎障害の防止です。高知大学医学部泌尿器科学講座教授の井上啓史先生の教室は、ALAによる膀胱がんの術中診断薬の開発で中心的な役割を果たされましたが、がん化学療法剤のシスプラチンによる重篤な副作用の軽減についても研究されていました。ラットにシスプラチンを投与すると重篤な腎障害を起こすことが実験的にも再現されましたが、ALAの投与群では腎障害の防止の効果が見られました[12]。

これらの実験結果をもとに、順天堂大学医学系大学院呼吸器内科学教授の高橋和久先生が中心となり、肺がんに対するシスプラチン治療においてALAによる腎機能保護効果を調べるフェーズII試験が実施されております。

海外では、オックスフォード大学医学部心循環器内科のフーマン・アシュラフィアン教授により、日本では、前述の李小康先生により、動物の臓器を用いた虚血再灌流障害の実験において、細胞内にALAが取り込まれると、ヘムの合成が促進されて過剰のヘムが蓄積するため、ヘムの代謝酵素であるHO-1が誘導され、その効果として虚血再灌流障害の防止に役立つことが証明されました(13)。そして直ちにオックスフォード大学医学部における循環器病患者を対象とするフェーズII試験が計画されました。

冠動脈バイパス手術の際の前後4-5日にALAを経口投与するという簡単な試験のプロトコール(治療実施計画書)でしたが、審査の段階で患者さんの負担を減らすために試験プロトコールの書きかえが何度も行われ、4年近くの歳月が流れました。しかしその苦労が実り、間もなくイギリス医薬品規制当局の許可を得て、オックスフォード大学心循環器外科において患者さんの登録がはじまります。

ウイルス性肝炎や脳血管の炎症が致命的なインフルエンザ脳症、さらにデング熱やエボラ出血熱など様々な病原性RNAウイルスにはHO-1の誘導で対抗できることが報告されています。そこで次にRNAウイルス感染症に対するALAの治療効果も調べられることになりました。

最初に調べられたのが、マウス・インフルエンザに対する回復効果であり、これは徳島大学酵素学研究所教授の木戸博先生の研究室で実証されました(14)。B型肝炎ウイルスのHBVに対しては、ヒト化(遺伝子・細胞・組織などの一部を、人間のものに置き換えたことをいう)された肝組織をもつマウスへの感染実験が行える広島のフェニックスバイオ社において、ALAによる顕著な抗HBV効果が実証されました(15)。

ヘムが遺伝子に結合する？

前述のように試験管内で培養しているヒト赤血球に熱帯熱マラリア原虫を感染させて繁殖させたときに、ALAを投与して強い光を照射すると、プロトポルフィリンが活性化されてマラリア原虫を殺します。ところがALAと二価の鉄を同時に与えると、光照射をしなくても死ぬことがわかりました(16)。これは光感受性のプロトポルフィリン環に二価鉄が入り込んでできる最終生合成産物であるヘムによる毒性が発揮されていることを示していました。

マラリア原虫は寄生した赤血球中の主要なタンパク質であるヘモグロビンを分解して、そのグロビンを栄養源として増殖しますが、ヘムは原虫に対して毒性を発揮するのでヘムを団子のように結合させたヘモゾインという物質をつくって無毒化しています。

遺伝子を構成する核酸のDNAやRNAの構造の中には、グアニンという核酸塩基がありますが、この4つのグアニン塩基が平面上に並び、中心に二価金属を配位する構造、すなわちグアニン四重鎖構造というものが存在することが知られています。このグアニン四重鎖構造は、遺伝子の発現に関与していることがわかってきました。そして、グアニン四重鎖構造が、がんをはじめとした様々な遺伝性疾患の原因となる可能性も考えられています。グアニン四重鎖構造とヘムのπ電子共役型ポルフィリン環平面の大きさがほぼ同じであり、ヘムはグアニン四重鎖構造に高い親和性をもつことがわかってきました。

そこで次にマラリア原虫の遺伝子配列の中にグアニン四重鎖

構造が存在するか否かを解析しました。その結果、多数の遺伝子の発現調節部位にグアニン四重鎖構造が検出されました。特にマラリア原虫の感染に必須で、ワクチン耐性に寄与する細胞膜糖タンパク質の遺伝子の発現調節領域に多くのグアニン四重鎖構造が存在することもわかりました。このグアニン四重鎖構造とヘムの相互作用がマラリア原虫の増殖抑制に関わっているものと思われ、現在も解析が進められています。

グアニン四重鎖構造は、大腸菌やミトコンドリアの遺伝子である、環状二重鎖DNAの遺伝子の複製と転写の制御スイッチとして、重要な役割を果たしていることが判明しています。さらに多くの病原体である細菌やウイルスの遺伝子の発現調節部位には、グアニン四重鎖構造が巧妙な形で存在することがわかっています。

そこでRNAウイルスの体内にあるグアニン四重鎖構造を標的とすることが模索されることとなり、このような様々な病原性ウイルスに対して、ALAと二価鉄の影響が調べられています。また2020年より日本でも猛威をふるうことになった新型コロナウイルスにおいても遺伝子発現調節領域に多数のグアニン四重鎖構造がみつかっており、これがALAの発揮する抗「新型コロナウイルス」効果の一因となる可能性も考えられています。

遺伝性疾患と「ALA」

これまで植物に感染するウイルスでは、ウイルスが増殖するために必要な遺伝子がつくられるとき、グアニン四重鎖構造がどのような役割を担っているのかが、詳しく調べられてきました。

植物の遺伝子導入発現実験で使われるカリフラワーのモザイクウイルス（モザイク病を発生させるウイルス。野菜や園芸植物の葉や花弁などに濃淡のあるまだら模様ができ、モザイク状に見えることから名づけられた）では、いち早くグアニン四重鎖構造が見つかっており、これを阻害することでウイルスの増殖を止めることが知られていました。さらに様々な野菜の病原性ウイルスに対して試験が行われ、抗ウイルス農薬としてのALAの有用性が見直されています。

哺乳動物では、劣性遺伝子疾患として知られるX連鎖αサラセミア・知的障害症候群（ATR-X）の疾患原因遺伝子の発現調節部位（原因遺伝子が発現してくるのを調節している箇所）にグアニン四重鎖構造が存在することから、当時、東北大学薬学部薬理学教室に勤務されていた塩田倫史先生〈現熊本大学発生医学研究所（ゲノム神経学分野）准教授〉が、このATR-X疾患モデルマウスにALAを経口投与することにより、症状の緩和を見いだすことに成功しました。実際に、非常に稀な遺伝子疾患の患者さんの診断と治療を担当しておられる京都大学大学院医学研究科（医療倫理学・遺伝医療学分野）准教授の和田敬仁先生は、ATR-Xを患う男児にALAを提供することにより、劇的な症状の改善を認めて学術誌に報告されています[17]。

グアニン四重鎖構造が遺伝子疾患の原因になっている疾患には、脆弱X 随伴振戦／失調症候群（FXTAS）、つまり幼少期にはまったく問題がないのに、中年以降になってパーキンソン病と似た症状が出てくる、FMR1遺伝子と呼ばれる遺伝子の異常によって発現する病気など他にも多く存在し、引き続き原因の解明と同時にALAによる疾患モデル動物の治療実験が進められています。

アルツハイマー病などに対しての「ALA」の可能性

ヘムやポルフィリンが、脳神経変性疾患の原因タンパク質分子であるアミロイドやタウの凝集を阻害することは、東京都医学総合研究所（脳神経科学研究分野）の長谷川成人先生により報告されていましたが、北海道大学大学院薬学研究院神経科学研究室教授の鈴木利治先生は、アルツハイマー病のマウスモデルを用いて、ALAを反復経口投与することによりアルツハイマーの病態を改善することを発見されました(18)。これを受けて、名古屋市立大学大学院医学研究科神経内科学の教授である松川則之先生により、アルツハイマー病患者さんを対象とするサプリメントの介入試験が行われています。

一方、脳内のミトコンドリアを異常にしたパーキンソン病モデルラットでは、ALAを投与することにより運動障害の改善が認められました(19)。

そこで、島根大学医学部内科学第三講座教授の山口修平先生によりパーキンソン病患者さんを対象とする介入試験が行われ、ALAサプリメントによる運動能の著しい改善が報告されました(20)。現在は、島根医科大学と産業医科大学、熊本大学の協力により規模の大きな介入試験が行われています。

東北大学大学院薬学研究科薬理学教授の福永浩司先生は、ミトコンドリア病とされる自閉スペクトラム症のラットモデルを用いた行動薬理学実験で、ALAが自閉スペクトラム症の治療に有効である可能性を示しました(21)。福井大学子どものこころの発達研究センター教授の松﨑秀夫先生は、18歳以上の自閉スペクトラム症の患者さんを動員して、ALAの摂取が日常行動に与える影響を調べ、さらに自閉スペクトラム症児童へのALAの有用性を調べる試験が計画されています。

以上のように、原因の異なる複数の疾患に対して、ALAはヘム生合成を介する様々な分子メカニズムにより、諸症状の改善効果や治療効果と予防効果を示すことが判明してきたことで、国内外の多数の共同研究施設において、さらなる研究が精力的に進められているのです。

おわりに ～「ALA」のこれまでの研究成果に感謝しつつ～

これまでALAがいかに多くの方々によって研究され、臨床の場などでどのように扱われてきたかを述べてきました。こうした一つひとつの活動の成果が、これから「ALAの未来」が創られていくなかで重要な役割を果たすことになるのでしょう。以下に、感謝の意を表しつつ、本文中に付した注番号の順に、典拠とした文献を列記して紹介することで、本章の締めくくりとさせていただきます。

(1) 中島元夫による総説「ヘム生合成原料である5-アミノレブリン酸の基礎科学と様々な疾患の診断と治療，予防への応用」『アミノ酸研究』11巻2号55-63頁（2017）。
(2) T. G. Smith他による論文「Inactivation of Plasmodium falciparum by photodynamic excitation of heme-cycle intermediates derived from delta-aminolevulinic acid」『The Journal of Infectious Diseases』190巻1号184-91頁（2004）。
(3) K. Komatsuya他による論文「Synergy of ferrous ion on 5-aminolevulinic acid-mediated growth inhibition of Plasmodium falciparum」『The Journal of Biochemistry』154巻6号501-4頁

(2013)。

S. Suzuki他による論文「In vivo curative and protective potential of orally administered 5-aminolevulinic acid plus ferrous ion against malaria」『Antimicrob Agents Chemother』59巻11号6960-7頁(2015)。

(4) S. Saitoh他による論文「5-aminolevulinic acid (ALA) deficiency causes impaired glucose tolerance and insulin resistance coincident with an attenuation of mitochondrial function in aged mice」『PLOS ONE』13巻1号0189593 (2018)。

F. Higashikawa他による論文「5-aminolevulinic acid, a precursor of heme, reduces both fasting and postprandial glucose levels in mildly hyperglycemic subjects」『Nutrition』29巻7-8号1030-6頁(2013)。

B. L. Rodriguez他による論文「Use of the dietary supplement 5-aminiolevulinic acid (5-ALA) and its relationship with glucose levels and hemoglobin A1C among individuals with prediabetes」『Clinical and Translational Science』5巻4号314-20頁 (2012)。

(5) N. Yamashita他による論文「Safety test of a supplement, 5-aminolevulinic acid phosphate with sodium ferrous citrate, in diabetic patients treated with oral hypoglycemic agents」『Functional Foods in Health and Disease』4巻9号 415-28頁(2014)。

(6) F. Al-Saber他による論文「The safety and tolerability of 5-aminolevulinic acid phosphate with sodium ferrous citrate in patients with type 2 diabetes mellitus in Bahrain」『Journal of Diabetes Research』9巻1-10頁 (2016)。

(7) M. Shimura他による論文「Effects of 5-aminolevulinic acid and sodium ferrous citrate on fibroblasts from individuals with mitochondrial diseases」『Scientific Reports』9巻1号10549 (2019)。

(8) S. Masuki他による論文「Impact of 5-aminolevulinic acid with iron supplementation on exercise efficiency and home-based walking training achievement in older women」『The Journal of Applied Physiology』120巻1号87-96頁 (2016)。

(9) C. Fujii他による論文「Treatment of sarcopenia and glucose intolerance through mitochondrial activation by 5-aminolevulinic acid」『Scientific Reports』7巻1号4013 (2017)。

(10) H. Ito他による論文「Oral administration of 5-aminolevulinic acid induces heme oxygenase-1 expression in peripheral blood mononuclear cells of healthy human subjects in combination with ferrous iron」『European Journal of Pharmacology』15巻833号25-33頁（2018）。
(11) J. Hou他による論文「5-Aminolevulinic acid with ferrous iron induces permanent cardiac allograft acceptance in mice via induction of regulatory cells」『Journal of Heart and Lung Transplantation』34巻2号254-63頁（2015）。
(12) Y. Terada他による論文「5-Aminolevulinic acid protects against cisplatin-induced nephrotoxicity without compromising the anticancer efficiency of cisplatin in rats in vitro and in vivo」『PLOS ONE』8巻12号80850（2013）。
(13) J. Hou他による論文「5-Aminolevulinic acid combined with ferrous iron induces carbon monoxide generation in mouse kidneys and protects from renal ischemia-reperfusion injury」『American Journal of Physiology』305巻8号1149-57（2013）。
(14)「4th International ALA and Porphyrin Symposium (IAPS4)」における高橋究他による学会発表「Therapeutic effects of 5-aminolevulinic acid (ALA) combined with sodium ferrous citrate on severe influenza」（2016）による。
(15) 国際公開特許公報（出願公開）WO2016/163082による。
(16) 文献（1）と同。
(17) N. Shioda他による論文「Targeting G-quadruplex DNA as cognitive function therapy for ATR-X syndrome」『Nature Medicine』24巻6号802-13頁（2018）。
T. Wada他による論文「5-Aminolevulinic acid can ameliorate language dysfunction of patients with ATR-X syndrome」『Congenit Anom (Kyoto)』60巻5号147-8頁（2020）。
(18) C. Omori他による論文「Facilitation of brain mitochondrial activity by 5-aminolevulinic acid in a mouse model of Alzheimer's disease」『Nutritional Neuroscience』20巻9号538-46頁（2017）。
(19) M. Hijioka他による論文「Neuroprotective effects of 5-aminolevulinic acid against neurodegeneration in rat models of Parkinson's disease and stroke」『Journal of Pharmacological

Sciences』144巻3号183-7頁（2020）。
(20) 山口拓也、山口修平「パーキンソン病への臨床効果」ポルフェリン-ALA学会編『5-アミノレブリン酸の科学と医学応用』（東京化学同人）179-82頁(2015)。
(21) K. Matsuo他による論文「5-aminolevulinic acid inhibits oxidative stress and ameliorates autistic-like behaviors in prenatal valproic acid-exposed rats」『Neuropharmacology』168巻107975(2020)。

第6章

健康・アンチエイジングと「ALA」

慶應義塾大学大学院政策・メディア研究科教授
兼環境情報学部、医学部兼担教授
渡辺光博

はじめに

モノとコトには必ず真理があり、そこを探求しなくてはならない。この私なりの考えは、もちろん科学研究から得られたものですが、若い頃に熱心にやっていたスキーからの影響も大きいように思います。スキー技術に関して毎年様々な本が出版されるわけですが、2本の板をはいて斜面を降りてくる運動にあれこれ毎年変わるトレンドなんてあるはずがないのです。スキープレーヤー時代も大変厳しく指導されましたが、その滑りは30年過ぎても変わっていませんし、2本の板をはいて斜面を降りる運動がスキーです。レースでも新雪でもコブでもその滑りの根幹は変わりません。

今でも私は、冒険家の三浦雄一郎氏、その息子の三浦豪太さんとともに、その真理を追い求めています。

では科学研究において、私が追い求めるべき真理とは何か――。基本的にどんな動物でも生体の制御は一緒で、人だって100万年前とたいして変わっておらず、大切な目標は大きく変わるはずもなく、私は、私の最後の目標を「老化を制御する」ことに定めたのです。

いろいろな仮説、アプローチがありますが、代謝を研究してきた私は、代謝の中心的役割を担っているミトコンドリアこそ大きなカギを握っていると思い、研究を進めています。そのようななかで、5-アミノレブリン酸（5-Aminolevulinic Acid）、通称「ALA(アラ)」に出会えたのはとても幸運なことでした。

慶應義塾大学医学部勤務時代にALA研究開発者として知られる田中徹さん（第3章執筆担当）と出会い、話を聞いて、

「これは面白い！」と直感しました。現在、我々は動物を中心に機能機序解明を行なっているのですが、とにかくよく効果が感じられる。そして、機序も明確である。肥満、糖尿病、高脂血症、脂肪肝、がん、認知症など老化から生じる多くの疾患の切り札となるのではないかとワクワクしています。

本章では、そうした私のALAに対する期待と、これまで得てきた知見をもとに、「アンチエイジング、健康に対してALAがもつ価値と可能性」について書くことになりました。「老い」をまだ感じていない働き盛りの人にも参考にしてもらえたらと思っています。

「ALA」と出会うまでの私、出会ってからの私

私の大学学部時代は学業において決して褒められた学生ではありませんでした。スキーに夢中になり、1年のうち100日以上は山にこもり、海外をバックパックで放浪する、というようなありさまでした。そんな私が大学院に進学したのは、「このまま卒業して大学で生物を勉強していたと言えるのか？　大学院でもう2年勉強して、けじめをつけよう」と思ったからです。

大学の仲間からは奇異な目で見られましたが、とにかく大学4年間分の知識を自分の背丈くらいの教科書（生化学、遺伝学、分子細胞学、生物物理、合成化学、分析学……、さらにドイツ語まで）から頭にたたき込み、無事、大学院進学となって進学したのは、東北大学遺伝子実験施設の山本徳男先生の研究室でした。

山本先生は当時、米国テキサス大学サウスウェスタンメディ

カルセンターで、ジョゼフ・ゴールドスタイン先生とマイケル・ブラウン先生がノーベル賞を受賞した家族性高コレステロール血症の原因遺伝子LDL受容体をクローニングした方で、新進気鋭の先生でとにかく厳しかった。おまけに京都大学医学部、鬼の沼正作研究室の卒業ということで半端なく、ここで言葉にできないほど厳しく指導をしていただきました。その頃、ちょうど日本の医師も分子生物学を取り入れて研究することが始まり、日本有数の大学医学部の医師も研究室で一緒にトレーニングを受けており、医師と基礎研究者が半々という理想の環境でした。この研究室で学んだ人たちは皆、今では日本を代表する立派な医師や医学研究者となっているのですが、この時期に医学に関する話をいろいろと聞く機会があったことは私の人生でとても幸運なことでした。

研究対象は今でいう「メタボリックシンドローム」で、研究材料は「脂肪細胞」でした。当時、脂肪細胞を研究している研究者は奇異な目で見られていて、「肥満は病気じゃない」とか「脂肪細胞にDNAはあるのか？」などと聞かれることもありました。それは1990年代も続くことになり、入社した会社（三菱化学）でも苦労しました。大阪大学の松澤佑次先生を中心としてこのメタボリックシンドロームという概念が提唱され現在では広く認知されるようになっていますが、1990年代まではそうした状況があったのです。

研究室での2年間で力を出し切り、医学研究の重要性をたたき込まれた私は、基礎を応用に結びつける研究がしたいと思い、三菱化学に就職をしました。まず診断部門に配属され、診断薬を1つ、研究から上市まで行い、メタボの薬を研究開発するために、配属異動を願い、医薬研究所に拾ってもらいました。拾ってくれたのは、後に田辺三菱製薬の社長を務められた三津家正之さんでした。

病気の対処療法ではなく、なるべく根幹に近い治療を行いたい、そんな思いが強く、当時の所長とも殴り合い寸前のところまで議論しました。しかし、その頃はまだメタボという概念もなく残念ながら会社では受け入れられるものではなかったのです。今考えると予防医療を目指すためには製薬会社ではなく食品やサプリの会社にいるべきだったのかもしれません。当時、「メタボを克服するためにはエネルギー代謝をコントロールする必要がある」と確信していた私には、どうしても解明したい機序がありました。それが、シグナル伝達分子としての胆汁酸でした。製薬会社でその研究を継続することはかなわず、研究をさせてくれるところを国内、国外問わず探しました。しかし、「胆汁酸なんて研究してもだめだよ、もっと新しい研究をしなくちゃ」と言われ続け、結局、フランス国立ルイパスツール大学のJohan Auwerx教授だけが私の研究に興味をもってくれ、大学がフランスのどこにあるかもわからず、どんな研究室かもわからない状態で、35歳で会社を辞め、そこに飛び込むことになりました。

フランスでは、Auwerx先生のおかげで、思う存分自由に研究ができました。その結果、現在、世界初の脂肪肝の薬剤を目指して臨床試験されている薬剤の礎をつくり、胆汁酸がエネルギー代謝をコントロールしていることを、2006年に科学誌『Nature』に報告し、この世界を大きくひっくり返すことができました。これらの研究から1つの薬剤が生まれ、いくつかのサプリが生まれ、新しい概念を創設し、今日まで多くの研究へと発展してきています。腸内細菌分野においても、今や胆汁酸代謝は病態解明に無視できないものとなっています。そのまま、海外で一生を送ることも考えたのですが、やはり母国日本に貢献したいという思いから帰国しました。

帰国後、慶應義塾大学に医学部特任准教授として伊藤裕先生（第7章執筆担当）に拾っていただき、胆汁酸の研究を継続することができました。「研究を行いながら、メタボについてはある程度道筋をつけた。次は健康長寿だ」と思っていた頃に出会ったのが、眼科の坪田一男先生でした。私の「より真理を追究し、根幹を解決したい」という研究理念は、その究極として「すべての疾患の最大のリスクファクターである老化制御」に向かったのです。

そうして2012年に、私は「健康長寿社会」実現のための研究活動をより明確に行うべく、慶應義塾大学SFCに教授として赴任しました。ここでは基礎研究だけではなく、科学的根拠を基盤に置いた街づくりなども研究分野に入れ、あらゆる可能性から健康長寿社会実現を目指しています。その一環として、「慶應SBI ALA研究室」をつくり、ALAの研究を継続しています。メタボだけではなく、がんや認知症にまでその研究対象を広げ、ALAの可能性の大きさに驚く日々を送っています。

私の人生最後の目標である「老化を制御する」という大きな課題と向き合いつつ、微力ながら、次の時代を担う若者の教育にも力を注いでいます。私の時代でできなくても、次世代を担う若者に託せるよう、そしていつの時代にか人類が老化や病気を恐れることなく生活できる、そんな世の中の実現を夢に描きつつ、「根本を制御すれば、多くの疾患が解決できる」という私の医学研究者としての信念のもとに毎日頑張っています。

アンチエイジングをめぐる人間の歴史

私たち人類は遠い昔から不老不死に憧れ、長寿や若さを求めてきました。そもそも科学は永遠の命と石ころを金に変える方法を、時の権力者が莫大な財産をかけて追い求めてきたものでもあります。クレオパトラ、楊貴妃、始皇帝をはじめ、多くの権力者たちが永遠の若さと命を求め、英知と財産をつぎ込みましたが、それをかなえることはできませんでした。そしてその夢は21世紀になっても変わることなく、アンチエイジング、つまり健康寿命を伸ばしたいという思いにつながっています。

人間の老化（エイジング）の仕組みに関する研究は、数十年前から精力的に行われており、特にここ10年は遺伝子の解明、分子生物学の発展により飛躍的な進歩を遂げています。先に触れたように、生活習慣病の原因であるメタボが病気として考えられていなかったように、すべての病気の最大のリスクファクターである老化も、病気とは考えられていませんでした。しかし2000年代になり、抗加齢医学は世界中の国で急速に発展し認知されるようになりました。2003年にはアンチエイジング世界会議（AMWC）がパリで開催され、日本では2000年に日本抗加齢医学会が誕生しています。

このように、アンチエイジング医学は今世紀になり発展してきた若い学問であるといえます。そして近年、アメリカの厚生省ともいえるNIH（National Institutes of Health／国立衛生研究所）をはじめとする世界的機関が、老化の研究の重要性を認め、積極的になったのは、老化がすべての病気の基本となると考えられるようになったからです。また経済効果の観点から試算しても、個々の病態に対処するより老化研究を行なったほうが非常に効率的であることがわかってきたのです。

世界一の長寿国であるわが国は、2026年頃には医療費が現在の約2倍の65.6兆円となり、人口の約3割を占める高齢者の医療費が医療全体の7割近くに達するという推計もあります。こうした現状を鑑みるときにアンチエイジングの研究はますます重要性を帯びてくるものと考えられます。

アンチエイジングのカギを握る「ALA」

人間の寿命は、生物学的に120歳が限界だといわれています。しかし、いろいろな理由から人間は天寿を全うすることができず、多くの人が100歳を迎える前に亡くなってしまいます。その理由としては様々な仮説が唱えられています。

いくつかの仮説を紹介すると、「細胞内にあり、からだのエネルギーをつくるミトコンドリアが加齢によって衰え、様々な老化現象を起こす"ミトコンドリア説"」、「活性酸素によってからだが錆びる"酸化ストレス説(フリーラジカル説)"」、「DNAの両端にあるテロメアが、細胞が分裂する際に少しずつ短くなり、なくなると寿命となる"テロメア説"」などがあり、それぞれがいろいろな形で結びつきながら、人間の寿命を縮めているといわれています。それらのなかでも、私は「ミトコンドリアの機能低下と老化の関係」に焦点をあてて研究しています。

そして、私が最も注目をしているのが「ALA」なのです。ALAは、ミトコンドリアの機能、すなわち私たちが活動するためのエネルギーを生み出す働きを根本のところで維持すると考えられている物質です。ですからALAは、ミトコンドリアの機能低下を防ぎ、老化を防ぐことに関係が深い物質なのです。天然のアミノ酸であるALAは、まだ一般にはなじみのない物質だと思いますが、実は私たちの身近なところでは、納豆や黒酢などの発酵食品や、ほうれん草などの緑黄色野菜に多く含まれています。このことは、ALAが私たちのからだにとって役に立つものであること、安全なものであることを示しています。私たちはこのALAが、老化防止の強力な助っ人になると考えています。

36億年前の地球で、生命とともに誕生したとされるALAは、そうした食物だけでなく、あらゆる動植物の体内に存在しています。そして、植物ではマグネシウム（Mg）と結びついて緑色のクロロフィル（葉緑素）となり、動物では鉄（Fe）と結びついて赤い色をしたヘムとなって、様々な働きをします。

ALAは、ミトコンドリアの中でエネルギーをつくり出す代謝を活性化し、代謝の過程で鉄と結びついてヘムとなり、それがもとになってヘモグロビンやシトクロムなどのヘムタンパク質となるなど、エネルギー産生などの、生命維持に欠かせない機能に関わっています。そのため、ALAは人間のホメオスタシス（生体恒常性）を維持するために必要不可欠なものとして「生命の根源物質」とも呼ばれています。

ミトコンドリアの重要な働きの一つにATPの産生があり、ATPは人間が生きるために不可欠のエネルギー源ですが、そのほとんどがミトコンドリア内でつくられます。そして、そのATPを産生する、ミトコンドリア内の呼吸鎖複合体には、ALAからつくられたシトクロムをはじめとするヘムタンパク質が深く関わっています。ALAが豊富であれば、呼吸鎖複合体の電子伝達系の反応が活発化し、ATPの産生が促進され、代謝が亢進されるのです。

人間のからだを車にたとえて、エンジンをミトコンドリア、排気ガスを活性酸素、ALAを新しいエンジンオイルと考えるとわかりやすいと思います。新しい車はエンジンもピカピカでエンジンオイルも新しく、エンジンをフル回転させても排気ガスはあまり出ません。しかし、エンジンやエンジンオイルが古くなると、次第に車のパワーが低下して燃費が悪くなり、不完全燃焼を起こして黒い煙が出てきます。

私たちは、食べ物を食べ、ATPを産生し（燃料を入れてエンジンを回転させる）、生きていること自体が体内に排気ガスを出し、からだを老化させている（活性酸素で傷つき、ALAも減少していく）ということになります。

それでは、どうしたらよいのでしょうか。この状態をなんとかしようと思うなら、エンジンオイルを交換する。そうです。ALAを補給してなるべく排気ガスが少ない状態をつくり出していくのです。エンジンオイルを交換すれば、再びエンジンが効率よく回って燃費もよくなります。長く使うと劣化していく車も、エンジンオイルの交換などのメンテナンスをすることで、車としての寿命を延ばすことができるように、加齢とともに老化する私たちのからだも、ALAを補充することでミトコンドリアが活性化し、様々な機能の低下を抑制することができる、と考えられるのです。

そしてこのALAは、私たちのからだのなかで毎日たくさんつくられ、日々ミトコンドリアのメンテナンス（活性化）を行なっています。しかし残念ながら、ALAの産生量は加齢とともに減少していくといわれています〈以下2件の論文による。J.R.

Paterniti, Jr.他「Delta-aminolevulinic acid synthetase: regulation of activity in various tissues of the aging rat」『Archives of Biochemistry and Biophysics』191巻2号792-7頁（1978）。H. Atamna他「Heme deficiency may be a factor in the mitochondrial and neuronal decay of aging」『PNAS』99巻23号14807-12（2002）〉。

そのため、元気なからだを維持するにはALAを摂取、補充することによって体内のALAをできるだけ増やし、ミトコンドリアが活性化するような工夫をしていくことも大切です。

代謝の能力は加齢とともに徐々に低下し、40歳を過ぎる頃には、多くの人が何らかのからだの衰え＝「老い」を感じるようになります。20代をピークに基礎代謝量が低下するのは、からだが成長を終え、いままでのようにたくさんのエネルギーを必要としなくなったからではなく、ミトコンドリアの機能が低下して、ATPをつくる能力が低下したことが原因ともいわれています。

ALAが不足すると、ミトコンドリアが十分なエネルギーをつくることができないばかりか、代謝に使われるはずの糖や脂質が使われないまま蓄積して、高血糖や肥満の原因にもなり得ます〈以下4件の論文による。S. Ogura他「The effect of 5-aminolevulinic acid on cytochrome c oxidase activity in mouse liver」『BMC Research Notes』4巻66頁（2012）。S. Saito他「5-aminolevulinic acid (ALA) deficiency causes impaired glucose tolerance and insulin resistance coincident with an attenuation of mitochondrial function in aged mice」『PLOS ONE』13巻1号0189593（2018）。R.J. DeLoskey他「The effects of insulin and glucose on the induction and intracellular translocation of delta-aminolevulinic acid synthase」『Archives of Biochemistry and Biophysics 』233巻1号64-71頁

(1984)。U. Ota他「5-aminolevulinic acid combined with ferrous ion reduces adiposity and improves glucose tolerance in diet-induced obese mice via enhancing mitochondrial function」『BMC Pharmacology and Toxicology』18巻1号7頁（2017)〉。

ALAが不足している状態で劣化したミトコンドリアから生み出されるエネルギーは、量も少ないうえに先程排気ガスにたとえた活性酸素も多く排出されます。こうしてからだの様々な場所で老化が進行する、悪循環に陥ってしまうのです。

反対に、体内にALAが豊富にあれば、代謝も活性化して、劣化したミトコンドリアを捨てて、新しいミトコンドリアをつくり出すことも可能になります〈高橋究他による論文「生命の根源物質 5-アミノレブリン酸（ALA）の多彩な応用」『沙漠研究』28巻2号66-72頁（2018)〉。

また、新しいエンジンオイルが豊富にあるエンジンからは、排気ガスである活性酸素も少なくなります。このようにして、活性化したミトコンドリアによってATPが豊富につくられ、代謝が高まることで加齢や疾病の改善につながる好循環が起こるのです。

ALAの不足は、冷えや疲れがとれにくいなどの小さな不調から、老化や生活習慣病など、様々な問題を招くと考えられています。近年、ALAに関する研究が進み、美容や健康に役立つ成分として、日本抗加齢学会をはじめとする様々な学会でもALAの臨床データが発表され、関心を集めています。アンチエイジングのカギを握るのは、「ミトコンドリアの活性化」をさせ、「代謝を促進」させるALAなのです。長寿でしかも健康寿命を延ばすにはALAを増やすことが重要な要素になるのです。

生活習慣病と「ALA」

体内でALAをつくる力は、17歳をピークに徐々に減少し、ピーク時の体内量を100とすると、60代でおよそ6割となります〈ALAサイエンスフォーラム第2回マスコミセミナー（近藤雅雄・現東京都市大学名誉教授の発表）による〉。

加齢とともにそのペースでALAが減り続けると、だいたい120歳で体内のALAは消失し、生命活動を維持できなくなる計算です。先述の「人間の寿命は120歳」も、加齢によるALAの減少が、人間の寿命にも関わっている可能性を示唆しています。

加齢とともに起こるALAの量の減少とともに、ミトコンドリアの機能が低下し、エネルギー産生能が低下し、基礎代謝が低下し、生活習慣病が引き起こされます。基礎代謝を高めるためには適度な運動とバランスのよい食事が欠かせませんが、それだけではカバーできない細胞の衰えを、ALAを補充することによってミトコンドリアを活性化し、補うことが期待されています。

生活習慣病についていえば、その代表に糖尿病があります。糖尿病患者はおよそ316万6千人（2014年・厚労省調査）です。「糖尿病予備軍」といわれる高血糖の人を含めると、日本人の5、6人に1人は糖尿病の危険があるとされ、もはや「国民病」ともいわれています。高血糖の状態から糖尿病への移行を防ぐためには、糖質（炭水化物）の摂取を控える「食事療法」か、血糖の消費を高める「運動療法」が基本となります。入ってくる糖を減らすか、使って減らすか、です。

それらに加え、ALAを使って糖を燃焼させる方法が、いま注目されています。ALAが代謝を活性化させることで糖の燃焼も促進され、血液中に余っていた糖も代謝で使われ、エネルギーを産生すると同時に、血糖値を下げる効果があるというのです〈前掲119頁19行目の文献と同〉。

このALAが最初に発見されたのは、1950年の米国でした。本来、天然のものを、化学合成するには複雑な工程が必要なために生産コストがかかり、当初は非常に高価なものでした。そのため、利用されるのはごく少量の研究用に限られていました。その後、長い研究期間をへて、田中徹さんら日本の研究者たちの研究成果により、従来よりも安価でかつ大量生産が可能となり、ALAの利用が一般的に可能となりました。様々な分野でその恩恵を受けることができるようになり、加齢による生活習慣病の予防、加齢そのものへの対策にも期待できるようになったのです。最近は、血糖値の改善に焦点をあてたALAのサプリメントも市販されているので、血糖値が気になる人は試してみるとよいでしょう。

また最近の実験では、ラットにALAを食べさせることで内臓脂肪の量が減少し、さらに脂肪の蓄積を抑制することがわかりました〈島村康弘他による学術発表「5-アミノレブリン酸（ALA）はラットの内臓脂肪蓄積を抑制する」『日本栄養・食糧学会近畿支部大会講演要旨集』49巻32頁（2010）〉。

エネルギー産生に使われなかった糖は、脂肪として体内に蓄積されます。その脂肪の蓄積が抑制されたのです。とくに、内臓の中でも最初に脂肪がつきやすい腸などの消化管まわりの脂肪が減ったことから、ALAの摂取によって代謝がよくなり、糖や脂肪を効率よくエネルギー（熱）に変換することができたことを証明するものと考えられています。

おわりに——私の健康と「ALA」

最後に、少し「ALA」と話が離れるようですが、私自身の健康について触れてみたいと思います。実は毎日なかなか忙しく、運動もほとんどできておらず、睡眠時間も短く不規則で、食事の時間もその内容も不規則というありさまで、自慢できることなんて全くない状態です。食生活は、「食事の時間になったから食べる」のではなく、「お腹がぺこぺこになったから食べる」という生活を何十年も続けていますが、しかし、からだはすこぶる快調です。1日3食を食べることはほとんどなく、2食が基本です。でもこれは私の身体で長期実験中なので、一般的にはお勧めできません。

ただ「食事の前にはお腹を空かせる」ことがいいのではないかと思っています。もともと、日本人が1日3食になったのは、いろいろな説がありますが近代に入ってからで、それまでは1日2食が基本だったといわれています。それが図らずも飽食を防ぎ、「腹七分目」を実践していたようです。

このことに関していえば、米国ウィスコンシン大学による「アカゲザル」を使った研究で驚く結果がもたらされたことがありました。20年に渡ってカロリー制限をしたアカゲザルのグループのほうが、欲しがるままにエサを与えていたグループのサルより生存率が高く、毛並みにもツヤがあり、若々しかった、というのです。しかも、カロリー制限をしたグループでは、がんや心臓病の発症は約半数、糖尿病はなんとゼロで、空腹が老化防止に高い効果があることが確認されました。

また生物は飢餓状態になると、サーチュイン遺伝子（長寿遺伝子ともいわれている）が活性化し、古くなったミトコンドリアや過剰なタンパク質などの老廃物を排除する「オートファジー」という自食作用がはたらいて、細胞が若返り、活性化します。活性化した細胞は、活性酸素を除去する力も増して、さらに老化を遅らせるようになるのです。断食は極端ですが、摂取カロリーを減らすことはからだが活性化していることを実感できる、効果的な方法といえます。最近の研究ではプチ断食も効果があることが報告されてきています。オートファジーのミトコンドリア版、マイトファジーが活性化され、古いミトコンドリアが選択的に分解されるのです。心配しないでください。そのあときちんと食べれば新しいミトコンドリアが生成されます。マイトファジーは今、世界のアンチエイジングの研究で最も注目される機能となっています。

ここで、先述したことを思い出してほしいのですが、排気ガスを排出する機能低下した細胞内のミトコンドリアをこれで新しくする、つまりエンジンの交換につなげることが期待できるのです。私の生活ではこんなことが図らずとも出来ていたのだと思うことにしています。そして、エンジンオイルの補給を忘れずにということで、ALAを飲んで、ミトコンドリア機能の維持を心がけています。

もちろんそれぞれの人にそれぞれの健康法があることでしょう。本章の内容が何らかの参考になって、あなたのアンチエイジング・健康の増進に寄与できることを心から祈っております。

第7章

親の健康のためにできること
――「ALA」の八徳

慶應義塾大学医学部腎臓内分泌代謝内科教授
兼百寿総合研究センター副センター長、糖尿病先制医療センター長
伊藤 裕

はじめに

「5-アミノレブリン酸（ALA）」という天然のアミノ酸の価値とその可能性を考える本書の刊行にあたり、「親の健康のためにできること」という大きなテーマを、大変親孝行でいらっしゃるSBIグループ創業者の北尾吉孝さんからいただきました。光栄であると同時に、身の引き締まる思いがしました。

私が「親」から想起する一文字は、「慈」（いつくしみ）、つまり「仁」です。そして、それに応ずる「子」の姿を現す一文字は「孝」です。この連想から、今回、私の頭には、『南総里見八犬伝』という古典的名著が思い浮かびました。

江戸時代後期、曲亭馬琴（滝沢馬琴）によって著わされ、超ロングセラーとなったこの幻想伝奇小説は、1814年に刊行が開始され、28年をかけ完結した全98巻・計106冊の長編です。皆さんもご存知の通り、「仁（じん）」「義（ぎ）」「礼（れい）」「智（ち）」「忠（ちゅう）」「信（しん）」「孝（こう）」「悌（てい）」の八つの霊玉を持った八犬士が活躍する物語です。この八つの「徳」は八徳（はっとく）と呼ばれています。「八」は、文殊菩薩に仕え、八つの真言を具現する「八大童子」、あるいは北斗七星にその衛星を加えた「北斗八星」を示しているとも言われています。

そこで私は、本稿の副題に「『ALA』の八徳」と銘打つことにしました。「八徳」に示されるそれぞれの徳目を“道しるべ”として、医師である私が考える「親の健康のための『ALA』」について書き進めていきたいと思います。

孝・悌——なぜ私は医師を目指したか

「孝」とは——

親や先祖を大切にすること。

それらを慮(おもんぱか)り、できるかぎりの工夫をすること。

「悌」とは——

兄弟姉妹が仲良くすること。

伊藤一族には全く医師がいませんでした。いわゆる非医師家庭に、私は生まれ育ったのです。その私がなぜ医師になったかを語るには、幼少・少年期にまでさかのぼらなければなりません。

私はもともと体が丈夫なほうではなく、小さい時は扁桃腺が腫れてよく熱を出しました。幼稚園児の時に、局所麻酔で扁桃腺を摘出したことは私の大きなトラウマとなっています。その一方で、手術した夜に、つばを飲み込むのも痛い私の枕元で、「手術を受ける代わりに欲しい」と私がねだったロボット模型を、忙しい父がつくってくれていたことも鮮明な記憶として残っています。

そして中学生の時、決定的な出来事が起こりました。熱発した私に、母は近医で処方された抗生物質を、完全に治るようにと1カ月ほど飲ませました。すると腹痛と血便が起こりました。抗生物質を処方した医師の往診を受けたところ、その医師は、「紫斑病(ヘノッホ・シェーンライン病のこと。原因不明のアレルギー疾患で、腸管の出血と腎臓の障害が起こる。いまでは腸内細菌の変化が原因ではないかと考えられている)かもしれない。大学病院で調べてもらった方がいい」と言いました。

当時の私たちは「聞いたこともない難病にかかってしまったのか」という大きな恐怖に襲われました。症状はさらに悪化し、消化管出血しているにもかかわらず、母親は、夜間救急病院に到着するまで、一生懸命に、私のお腹を温めました。しかしそれは逆効果でした。結局、抗生物質の投与を中止し、その後、症状は消失しました。大腸内視鏡検査まで受けましたが、異常はありませんでした。今考えると抗生物質の過量投与により腸内細菌が殺されて発症する、「偽膜性腸炎」の軽症ケースであったと思われます。

ちなみにこの疾患は、いわゆる「便移植」——他人の腸内細菌を移植すること——で劇的に回復します。

私はその時に思いました。今の伊藤一族の状態はよくない。子供のことを心配して、必死で看病してくれた母の行為が仇になることもある。さらにこうも思いました。母をこんなことで二度と悲しませたくない。そして伊藤一族の誰かが体の調子が悪くなった時に、正しく忠告できるようになりたい。これが、私が医師を目指した理由です。

忠・信——私の医師としての志

「忠」とは——

心の中に偽りがないこと。

自分が対する人に専心尽くそうとすること。

「信」とは——

嘘を言わないこと。相手の言葉を疑わないこと。

私は常々、教室員と話す際に、いい医師であるためのたった一つの秘訣として、「親身」になることを挙げています。まさに、本章のテーマである「親」に対する気持ちです。

私は、「親身」に、「Sym-Me」という英語を充てるようにしています。Symは“共に”、Meは“私”、という意味です。つまり「親身」とは、自分が診察する患者さんを、自己と同一視することです。

「その患者さんが自分の親だったらどうする？」「自分だったらどうしてほしい？」と考えて、初めてなすべき医療が見えてきます。教室のカンファレンスで、患者さんの治療方針を決定するとき、私はよくこの質問を教室員に投げかけます。

「そんなことは当たり前」と言われるかもしれません。実際、ほとんどの医師は、親身になって診療にあたろうとしているはずです。しかし現実には、その実現は難しい。それはなぜか？決してその医師が金儲け主義だからとか、性格が悪いからではありません。大半の医師は、医師を志し、医学を学び、そして病院で患者さんから「先生、なんとかしてください」と懇願されるなかで、「親身になりたい」気持ちを持ち合わせるようになります。しかし、そうなれないのはなぜなのか？

私は、それは、「親身になる」ためには、しっかりとした医学的知識が必要だからだと思います。その病気に対する知識がなければ、我々は無意識に患者さんの訴えを無視してしまいます。聞いていないふりをしてしまいます。時には、あいまいな知識があるだけで、自信が持てず、他科の先生にあっさりと紹介することになります。すると、患者さんからすれば、見放されたような気持ちになります。

こうして、いったん心理的な壁ができてしまうと、患者さんは、自分が気になることすべてをその医師に伝えようとはしなくなります。そして、我々は、自分の「専門領域」の診断も正確に行うことができなくなります。

私は、「生活習慣病」を専門としている関係上、患者さんの生活習慣全般を理解し、患者さんが「生涯にわたってつき合おう」と思ってくれることが大切なので、このことは、特に重要です。私は、教室員に、「自分の専門的知識を常にリニューアルするのはもちろんのこと、自分の専門外の知識もそれなりに体得することで、自然に、患者さんの訴えを聞くことができるようになってください」と言っています。

「先生の専門ではないだろうけど、こんなブツブツができたんですけど」「先生の専門でなくて悪いんですが、腰のあたりが痛んで、大丈夫でしょうか」などなど、私の外来で患者さんはよく話します。疲れている時は、本題の話を早くしてほしいと思うこともありますが、それでも聞く。これが「忠」の気持ちです。患者さんは自分の悩みをすべて打ち明ける、そして医師はそれに真摯に耳を傾けるところに、お互いの「信」が生まれるのだと思います。

智——私と「ALA」の出会い

「智」とは——

正しい判断を下す洞察力を養うために、

正しく豊富な知識と経験をもつこと。

私は、2010年に『臓器は若返る——メタボリックドミノの真実』〈朝日新書〉という本を出版しました。この本の執筆が、私を「ALA」と出会わせてくれました。

内臓脂肪の蓄積（いわゆる、お腹ポッコリ）により、これが共通の原因となって、血圧、血糖（とくに食後の血糖）の上昇、脂質異常症（中性脂肪の高値、善玉コレステロールの低下）が同じ人でほぼ同じ頃に起こってきます。これが「メタボリックシンドローム」です。

ただ私は、そのことだけでなく、メタボリックシンドロームというものは、人生のなかではまだ上流であって、その後、放置しておくと、糖尿病になり、一方、これと並行して（糖尿病にならないうちにでも）動脈硬化症が進行して、脳卒中や心筋梗塞などが起こってくることにも注目しました。しかもそれは中流での出来事で、さらに時間がたつと、下流に至り、糖尿病の合併症から、透析を受けなければならなくなったり、失明や、足が腐って切断に至る。また、一方では、認知症や心不全も起こっていく。こうしたメタボリックシンドロームから連鎖して発生する負の流れを知ることが大切であると思い、この全体像を「メタボリックドミノ」という言葉で表現しました。

これが2003年のことで、メタボリックシンドロームの日本の診断基準が出される2005年に先駆けての提唱でした。つまり、メタボリックドミノは、「臓器にはそれぞれの時間があり、その時間の流れ方が病気の起こり方を決める」ということと、「臓器と臓器がお互いに影響しあってさまざまな病気が起こる」という考え方を示したものでした〈伊藤裕『臓器の時間――進み方が寿命を決める』祥伝社（2013年）〉。

さらに最近では、メタボリックドミノのなかで起こりやすい、がんがあることも注目されています。大腸がん、膵がん、肝臓がん、子宮体部がん、乳がんなどです。

私は、メタボリックドミノで起こってくるさまざまな臓器障害を考えるうえで、「ミトコンドリア」というものに注目しました。ミトコンドリアは、臓器を形作る細胞の中に存在して、栄養分である糖分や脂肪分を原料にして、酸素を燃料にして、ATPという、生きていくためのエネルギー源をつくり出しています。このミトコンドリアが衰えることが、メタボリックドミノを進行させ、そして我々は老化していくと考えました。これが「メタボリックドミノの真実」です。

その後、ある日突然、SBIホールディングス社長の北尾吉孝さんという、会ったこともない方から手紙をいただきました。「伊藤先生の本を読んで共感した。私たちが進めるALAの健康増進についての理論的な根拠がそこに記されている」という意の、大変丁寧な文章でした。私は、とても偉い方からこのような誠実な手紙をいただき、感激しました。直接お会いすることになり、その誠実さ、人としての大きさ、博識さに触れさせていただき、以後、北尾さんの大ファンです。北尾さんからはたくさんの著書をいただきましたが、その一冊には、「則天去私」と自筆で記されていました。お人柄がうかがえる言葉です。その北尾さんから、ALAの凄さを教えていただいたのです。

私は、内分泌学——これはホルモンを扱う医学領域です——が専門です。ホルモンは、我々の体のある臓器でつくられて、血液の中に分泌されて、血液の中に溶け込んで、他の臓器に到達して、その臓器に作用し、活性化させる物質です。我々の体の中には、100種類以上のホルモンが存在しています〈伊藤裕『なんでもホルモン——最強の体内物質が人生を変える』朝日新書

(2015年)〉。ホルモンは人工の合成物質ではないので変な副作用はなく、我々の想定内の作用を発揮します。

そしてALAは、天然のアミノ酸です。ALAは、直接ミトコンドリアでATPをつくるための分子の原料になります。また酸素をそれぞれの臓器に運ぶヘモグロビンという分子の原料にもなります。ですからALAは、はっきりとした作用メカニズムで、ミトコンドリアを元気にする物質です。ホルモンを専門とする私にはその特性がすぐに理解できました。ALAはきっと健康にいいと直感できました。

ミトコンドリアを元気にすることで、衰えていく臓器は「若返り」ます。まさにALAは、「臓器は若返る」という私の言葉に答えてくれる物質でした。命の「母」たる物質となる可能性があります。

礼──「ALA」の「健康寿命」と「幸福寿命」における価値について

「礼」とは──

敬意を表すこと。秩序を保つための生活規範、儀礼や作法。

私は、「健康を維持するためのたった一つの言葉を挙げろ」と言われれば、迷わず「畏(おそ)れ」を挙げます〈伊藤裕・やくみつる『からだにありがとう──1億人のための健康学講座』PHP研究所(2012年)〉。

人は皆、自分には妙に甘いところがあります。がんは現在、日本人の2人に1人が罹る病です。大変確率が高いにも関わらず、みんな「自分はがんにならない」と思っています。しかし、残念ながら、がんは「罹る、罹らない」の問題ではなく、「いつ罹るか」の問題です。

長生きできる人は常に謙虚です。「いつ自分に病気が襲ってくるかわからない」という、自身にとって未知の病を「畏れる」気持ちを持っています。「まあいいや」と居直って、羽目を外して生きてはいません。常に、自分の健康を気づかい、そして実際、そのために努力しています。それは、いい加減な生活をしている人から見ると、大変窮屈そうに見えますが、それが習慣になり、ルーティン化されるとそれほど苦しくはないものです。一定の規範に従って生き、それを崩さない、ぶれない姿勢は、健康の極意だと思います。

現在、「平均寿命」(生命が尽きるまでの期間、「生命寿命」)と「健康寿命」(一人で自立して社会生活が営める期間)の差が深刻な問題となっています。「健康」とは、一般には、五体満足、例えば、寝たきりにならない、認知症がない状態と考えられています。「健康寿命」と「平均寿命」とは男女とも約10年の差があり、この差は、医療が進んでも一向に縮まる気配がありません。

現在、日本では100歳以上の方(百寿者、センチネリアン)は、7万人以上いらっしゃいますが、110歳以上のスーパーセンチネリアンと呼ばれる方たちは、146人(2015年)しかおられません。

一方、人間の寿命の限界は、115歳あたりであるとの予測もあります。したがって、これからの100年間で、平均寿命が100歳まで伸びるといわれていますが、スーパーセンチネリアンの数は今後どんどん増えていくことはないと思われます。そして、今後も、「健康寿命」と「平均寿命」の差は、集団全体の平均としてみた場合、簡単には縮まることはないと思います。

これからは、人間としての「限界寿命」まで、健やか、穏やかに生きられる人とそうでない人が二極化することが懸念されます。大切なのは、110歳あたりまで、健康で、そして幸せに生きられる、すなわち、「百寿」を享受するグループに入ることです。

私は、「平均寿命」「健康寿命」とは異なる別の次元の寿命があると考えています。それは、「幸福寿命」です〈伊藤裕『幸福寿命――ホルモンと腸内細菌が導く100年人生』朝日新書（2018年）〉。健康であることは幸せであることにかなり近いのですが、必ずしも同じではありません。五体満足でも、「私は幸せではない」と嘆く人もいるし、また余命が短いと告知された人でも逆にそこから輝く人生を送ることのできる人もいます。幸福でいられる期間、すなわち「幸福寿命」を少しでも伸ばすこと、死ぬまで幸せでいることこそが大切だと思います。

しかし現在、世界幸福度ランキング（2020年）で日本は62位に甘んじています。

幸福は「あいだ」に生まれます。お互い同士を慮ることができる、自分とその人の「あいだ」、自分の楽しい過去の思い出とこれから始まるワクワクする未来の「あいだ」に、幸福は生じます。そこで私は、幸福寿命を延ばすためのエッセンスとして、「楽食―楽しく食べる」「楽動―楽しく動く」「楽眠―楽しく眠る」「楽話―楽しく語る」の4つの秘訣を挙げています。これが幸福になるための作法です。

ミトコンドリアを元気にしてくれるALAはこの4つの作法を普段の生活に根づかせることを自然に促してくれるものなので

す。

義――「ALA」の治療効果

「義」とは――

真偽、人道に従うこと。道理にかなうこと。

なかなか死ななくなった人類が、死ぬまで幸せでいる。すなわち「幸福寿命」を伸ばすことは、それまでに達成した人生の成果の蓄積の大きさ（積分値）だけでは実現しません。常にその変化の度合い（微分値）が正である、つまり変化し続けていることが必要です。そのためには、死ぬまで、社会に対して、何らかの形で「働きかけて」いられることが大切です。それができる心身の活力を保持する戦術が必要なのです。

これまでは、それぞれの病気の原因を明らかにして、それぞれの病気に効く薬を開発することが進められてきました。しかし、これからは、老化そのものを抑える物質を見つけて、それを早くから投与することで、いろいろな病気になりにくい体質をつくるやり方が期待されます。

メタボリックドミノの疾患群は、すべてミトコンドリアの衰えが原因です。ですから、ミトコンドリアを元気にするALAは老化の進行を遅らせる物質として、これからさらに注目されると思います。

肥満は万病の元といわれ、「体重が増えることは悪」という考えが世間に蔓延しています。確かに、内臓脂肪が蓄積しやすい中年男性では、お腹ポッコリは健康にとって危険ですが、超高齢社会を迎え、今は高齢者の「やせ」が大きな問題となっています。これは筋肉のミトコンドリアの衰えで起こります。筋肉のミトコンドリアが弱ってくると、筋肉の量が減ってきて、筋力が低下してきます。この病態は「サルコペニア」と呼ばれています。「サルコ」は筋肉のことで、「ペニア」は減っているということです。

そのサルコペニアの測定方法として、「指輪っかテスト」というものがあります。自分の両手の親指と人差し指で輪っかをつくり、それで自分のふくらはぎの一番太いところを囲ってみて、囲うことができれば（周径が30cm未満）、それは、ふくらはぎの筋肉の量が減っていることを示しています。

また、歩行速度もサルコペニアの診断に有効です。歩行速度が0.8m/秒以下が基準となります。それは、普通の道路の交差点で信号が赤から青になって、横断歩道を渡り始め、信号が再び赤に変わるまでに一人では渡り切れない程度の歩く速度です。

筋力が低下すると体のバランスをとることができなくなり、転倒しやすくなります。そうすると骨折も増え、寝たきりの原因ともなります。このような状態を「フレイル（虚弱）」と呼んでいます。中年では、メタボが問題ですが、高齢になると太っていることよりむしろ、「やせ」「フレイル」のほうが大問題なのです。

私たちは、動物実験で、高齢に伴うサルコペニアをALAの投与で改善できるという結果を得ました〈C. Fujii他による論文「Treatment of sarcopenia and glucose intolerance through mitochondrial activation by 5-aminolevulinic acid」『Scientific Reports』7巻1号4013（2017）〉。糖尿病になると全身の臓器のミトコンドリアの機能が落ちます。動物実験での基礎的な成果を基に、現在、慶應義塾大学病院では、糖尿病患者さんで筋力が低下傾向にある人を対象に、ALAを1日200mg服用してもらい、筋力が回復するかを検討する臨床試験を行なっています。ALAによって「楽動」が達成できるのではないかと期待しています。

仁——健康に不安を抱える親に家族ができること

「仁」とは——

人を思いやる、慈しみのこころをもつこと。最高の徳。

私は、外来では、高齢の患者さんにはいつも「食欲ありますか？　食べていますか？」と尋ねます。食べられることは元気さの一番いいバロメーターです。過食、太ることに罪の意識をもつ、まじめな高齢の方もおられますが、重症の糖尿病や心不全、腎臓病の方以外、大方の人は、自分の好きなものを見つけて、それを楽しんで食べることが健康長寿につながります。

家族の人も、そのように励ましてあげてください。そして、少しでもいいので、声をかけてあげること、触れ合うことが大切です。私たちは、ロボット研究の世界のリーダーである大阪大学の石黒浩教授との共同研究で、摂食障害や過食で悩んでいる患者さんに、アンドロイド（人型ロボット）を手助けにした外来を行なっています。なかなか医師には面と向かって、自分の食行動や悩み事を言えない患者さんと、「テレノイド」と呼ばれる抱きかかえられるアンドロイドを通じて、隣の部屋にいる医師が話をする外来です。こうした触れ合いによって、ストレスホルモンであるコルチゾールの分泌が減り、「幸せホルモン」であるオキシトシンが増えるという報告があります。
幸いにして、私の父は今年（2020年）で91歳、母は88歳になり、健在です。ふたりだけで住んでいて、毎日その日の献立を一緒に考えて、朝、家から400mほど離れた生協センターまで食材を買いに行き、それをふたりで調理して、その料理を食べて過ごしています。朝3時半に起き、夜8時に寝ています。夜間に、二度ほどトイレに起きているようです。

このように、両親が元気でいてくれることは、私にとってはとてもありがたいことです。母は難聴でややコミュニケーションがとりにくいところはありますが、それでもいわゆる認知症には至っていません。父は本当に元気です。私より、よほど元気そうです（笑）。

平均寿命は、女性のほうが男性より長く、百寿者の8割は女性ですが、男性の約10％は、80歳を超えても矍鑠（かくしゃく）として、誰の助けも借りず、長生きをされています。私は「スーパー元気なお爺ちゃん」とよんでいますが、まさに父はその一人です〈伊藤裕『「超・長寿」の秘密――110歳まで生きるには何が必要か』祥伝社新書（2019年）〉。ちなみに女性は、サルコペニア、フレイルのために残念ながらそこまで元気な方は稀です。

私の親はこのように夫婦ふたりで、「楽食」「楽動」「楽眠」「楽話」を実現しています。一つだけ、親の今の幸福な生活に私が貢献できたのかもしれないと思うことがあります。それは「楽話」です。母の難聴のせいもあり、また、どの夫婦にもあるように、小さなことでのいさかいも時々おこり、父と母は、毎日それほど多くは語り合いません。そこで私は、この30年間、毎日母に電話をかけ続けてきました。一日たりとも怠ったことはありません。短い時間ですが、毎日の忙しい生活の中で、時間を見つけることが難しい時もありますが、なんとか工夫して電話をしてきました。私の妹も同じようにしています。

必ず子供たちから電話がかかってくるという安心感、子供たちとつながっているという実感、そして、その時に何を話そうかと考えること、いくつになっても子供たちのことを親として心配できるといったことが、母親の長生きに、少しはつながっているのではないかと思っています。この先、どれほど、この幸せが続くかわかりませんが、両親が一日でも長く幸福に生きていって欲しいと祈っています。

第8章

がん治療と「ALA」

高知大学医学部泌尿器科学講座 教授／
光線医療センター センター長

井上啓史

医療人としての私の志

私は生まれも育ちも高知市で、生粋の土佐っ子です。高知県は全国に先行して人口が減少し、高齢化が進んでいます。そのため、前立腺がんをはじめとする泌尿器がん、さらには排尿機能の問題など、私たち泌尿器科医が担い解決すべき医療課題が数多くあります。

患者へのダメージが小さく（低侵襲）、かつ高精度な医療技術の開発、さらにはそれらの技術を用いた治療を誰もが受けられるようにすることが、私たちの目指すべき医療だと考えています。

微力ではありますが、泌尿器科学を介して、より優れた医療人を育成し、故郷である高知はもとより、世界をも意識した教育・研究・診療の発展を目指して精進して参ります。

「ALA」と私の出会い

がんの診断法の一つに、光線力学診断（PDD）という方法があります。薬剤でがん細胞が発光するようにし、青色光をあてるとがん細胞が発光します。正常な細胞は発色しないので、がん細胞を正確に見分けることができる方法です。手術のときに、確実にがん細胞を取る場合などに役立ちます。

2003年に開催された第21回日本脳腫瘍学会で、悪性神経膠(こう)腫(しゅ)に対する5-アミノレブリン酸（ALA）を用いた光線力学診断（ALA-PDD）が発表されました。

神経膠腫はグリオーマとも呼ばれる悪性脳腫瘍の一つで、神経膠細胞という、脳や脊髄に無数に存在する細胞に発生します。

ALA-PDDでは、患者さんにALAを内服してもらいます。ALAの代謝物はがん細胞に蓄積されます。次に、診断したい部分に青い光を当てると、ALAの代謝物が蓄積されたがん細胞が赤く発色するため、がん細胞を視覚的に見分け、診断することができるのです。

この発表を受けて、私たちはALA-PDDを泌尿器がんに応用する活動を始めました。その際、特に当時欧州で臨床導入に向けた取り組みが多くなされていた膀胱がんを対象とすることになりました。

そしてまずは、2004年より日本初となる、膀胱がんを対象としたALA-PDDの臨床試験を実施しました。この臨床試験の良好な成績を受けて、本格的な臨床開発を始め、2010年にはALA-PDDが、厚生労働大臣が定める先進医療の「第3項先進医療」として認められました。

この「第3項先進医療」は現在の「先進医療B」にあたります。通常ですと、最新の医療技術による治療を受ける場合、診療や検査などの、本来は保険適応となる部分を含めて保険診療の対象とはならず、医療費の全額が自己負担になってしまいます。これに対し、最新の医療技術のなかでも安全性と治療効果が確認された技術には、「先進医療」という制度で、保険医療との併用が認められています。つまり、先進医療技術に関する費用は自己負担ですが、診療、検査、投薬、入院などの費用は保険の適応が認められるという制度です。

「先進医療」は「先進医療A」と「先進医療B」の2種類に分かれ、「先進医療B」は「高度医療」とも呼ばれます。「先進医療A」では、先進医療技術と併用される医薬品や医療機器がすべて薬機法で承認・認証・適用されていることが必要です。これに対し、「先進医療B」では、用いられる最新の医療技術の他に、未確認の医薬品や医療品が含まれていても、保険診療との併用が可能になる利点があります。

2012年には公益社団法人日本医師会治験実施促進センターの治験推進研究事業としての「医師主導治験（フェーズII／フェーズIII)」を、また2015年にはSBIファーマ株式会社による「企業治験（フェーズIII)」を実施しました。

そして、これら2つの治験の成績を1つのパッケージとして医薬品製造許可申請を経て、ついに2017年9月27日、内視鏡（カメラ）を用いて膀胱腫瘍を切除する手術の際に、根の浅い膀胱がんを見えるようにすることを目的とした手術中の診断薬として、ALAが世界で初めて承認されました。

さらに、同年12月19日より保険適応の薬剤としてALAの販売が開始されることになったのです。

高知大学医学部では、このALA-PDDなどのような特殊光源を用いる光線医療技術の開発、提供、普及を目指して、「光線医療センター」を2017年4月1日に新たに開設しました。

この光線医療センターは、本格的な「光線医療技術」を取り扱う先進的かつ独創的な日本初の組織で、特殊光源を用いた診断・治療に関する診療・研究・教育部門であり、特にALAを用いた光線力学診断や治療などの光線医療技術の研究開発を実施しています。消化器外科、消化器内科、乳腺外科、心臓血管外科、胸部外科、形成外科、脳神経外科、眼科、皮膚科、耳鼻咽喉科、泌尿器科など、多くの横断的な診療科の専門医が、特殊光源を用いた診療・研究・教育にあたっています。

光線医療センターの研究開発事業は、国内では東京工業大学生命理工学部や大阪大学工学研究科と、国外ではアイルランド王立外科医学院（RCSI）バーレーン校やアラビア湾岸諸国立大学（AGU）と共同で実施しており、高知大学を中心として日本が世界に先駆ける光線医療技術を、研究交流ならびに学術交流を介して世界に向けて発信しています。

2020年4月1日からは、私がこの光線医療センターのセンター長に就任しました。本センターでは光線医療に関わる、より斬新な知見を探求し、より有用な薬剤・技術を創生し、そしてそれらを人々の健康長寿のために役立てることで、形ある社会貢献を果たしていきたいと考えています。

がん治療における「ALA」の価値とは

「彼を知り己を知れば百戦殆うからず！（敵の実情を知り、己の実情を知っていれば、百回戦っても敗れることはない）」。これは中国春秋時代の兵法書『孫子・謀攻編』の一節です。この言葉は戦争だけではなく、ビジネスやスポーツにおいて戦略を立てる上での金言として、長きにわたり参考にされ、現代でも役立っています。

医療においても、敵すなわちがんなどの病気に勝つためには、しっかりと敵を知り（診断する）、自らの医療知識を高め、医療技術を磨き、確実に勝つことができる態勢を整えて勝負に挑む（治療する）ことが重要です。

どの臓器の場合でも、腫瘍（いぼ）ができた場合、血液や尿などを用いた検体検査や、CTやMRIなどの画像検査により、その腫瘍の性状や広がりを評価します。その後、その腫瘍が良性であるか悪性（がん）であるか、あるいは何という病気なのかを評価し、診断します。

腫瘍の診断を確定するためには病理診断が必要です。病理診断とは、腫瘍の一部を採取（生検）して、あるいは腫瘍全体を切除（手術）して、その腫瘍の組織を病理専門医が顕微鏡で観察し、どんな病気かを確定（確定診断）するものです。この病理診断による確定診断こそが、診断の絶対的基盤です。

この重要な病理診断を確定するために、臨床現場には2つの根本的な課題があります。それは、①腫瘍の一部を採取する生検において、腫瘍を的確に採取できているか？　②腫瘍の全体を切除する手術において、腫瘍を完全に切除できているか？という課題です。つまり、腫瘍をはっきりと視認できているか、しっかりと見て、取るべきところを取っているか、ということです。

大きさがミリ単位のごく小さな腫瘍や、隆起せずに苔のように広がる平坦な腫瘍など、生検や手術の際に肉眼で、あるいは内視鏡で視認することが困難な腫瘍がここでの問題点です。これら視認困難な腫瘍を的確に採取でき、完全に切除できることこそが、腫瘍の完全治癒そして再発抑止につながる根本的な方策だといえます。

その方策として、近年、がんを発光させ、可視化することにより、的確かつ容易に診断できるPDDが飛躍的な進歩を遂げ、臨床現場においても活用されるようになってきました。そのなかでも、ALAを用いた光線力学診断（PDD）は、特に注目を集めている最新医療技術です。

「ALA」を用いた診断・治療への期待

ALAを用いた光線力学診断について、もう少しくわしく説明しましょう。

ALAは元来、動物や植物の生体内に存在する天然のアミノ酸で、生命を維持するための天然の物質ですから、合成した薬と違い、安全です。

正常な細胞では、合成酵素により産生されたALAは、ミトコンドリアというエネルギーを産みだす器官の中でプロトポルフィリンIX（PpIX）という光活性物質となり、ヘムという生命活動維持のための中心的な物質となります。ヘムは、最終的に血液中の色素（ヘモグロビン）や葉緑素（クロロフィル）といったエネルギーを生み出す物質に合成されます（第1章22頁のコラムを参照）。

ところが、がん細胞では正常にヘムをつくることができません。そのため、人体にALAを大量に取り込むと、がん細胞内にはヘムになる前のPpIXがたまるようになります。

このPpIXには、青色の光を照射すると、赤色の蛍光を発するという特徴があります。ヘムにはこの性質はありません。通常の細胞はPpIXがヘムに変化するため赤色に発光せず、PpIXが変化できないがん細胞のみが赤色に発光することになります。この発光するかしないかで見分けるがん診断法がALAを用いた光線力学診断（ALA-PDD）です。

また現在、光をあてることによって、がんを治療する光線力学治療（PDT）が注目されています。光線力学治療は、光増感剤を吸収したがん細胞に内視鏡を使って直接レーザー光をあてて活性酸素を発生させ、その力でがん細胞を殺す治療法です。

光を吸収し、光のエネルギーを他のものにわたすときに発光したり反応したりする薬剤を「光増感剤」といいます。ALAの代謝物も、この光増感剤の一つとして有望視されているのです。

この治療法では、がん細胞に含ませた光増感剤とレーザー光が光化学反応を起こし、がん細胞内の酸素は活性酸素に変化します。活性酸素は猛毒で、がん細胞自体に傷害を与え、さらに、がん細胞の周りの血管にも傷害を与えて血流をストップし、栄養が送られなくなったがん細胞を壊死させます。

使われるレーザー光は低出力で、手をかざしてもほとんど熱さを感じないほどです。そのため正常な細胞にあてても害はなく、副作用もほとんどありません。

ALAは、がん細胞内でPpIXとなりますが、このPpIXとレーザー光との反応で活性酸素が産生されます。これまでに何種類かの光増感剤が使われてきましたが、ALAは新たな光増感剤として、従来の薬剤と比べて毒性も低く、正常細胞からの排出も早く、がん細胞に集まりやすいなどの特長があり、期待されています。

PpIXは、多くのがん細胞に共通して作用するため、このALAを用いた光線力学診断（ALA-PDD）、ALAを用いた光線力学治療（ALA-PDT）は、多くのがん疾患に応用することができ、がん医療における新戦略として期待されています。特に膀胱がん細胞へは、光活性物質PpIXが正常細胞の9-16倍も集まることが知られています〈福原秀雄・井上啓史による論文「膀胱癌における光線力学診断」『日本レーザー医学会誌』40巻1号83-6頁

(2019)〉。ALA-PDDやALA-PDTの効果が表れやすいがん細胞だといえます。

膀胱は尿をため、排泄する臓器ですが、その内側は「尿路上皮」という粘膜に覆われています。膀胱がんは、この尿路上皮に発生する悪性の腫瘍で、血尿で気がつくことが多い病気です。主にタバコ、つまり喫煙が原因とされます。

膀胱がんの多くは、膀胱の壁の筋肉の層にまでは至らない、根の浅いがんです。そのため、尿道から入れる内視鏡（小さなカメラがついたチューブ）を使って、こそぎ落すようにがんを切除できます。

しかし、これまでは、数ミリの微小ながんや、隆起していない平坦ながん、また、隆起したがんの裾野に広がる平坦ながんなどは、通常の内視鏡では視認することができませんでした。そのため、これら観察できない膀胱がんが切除されることなく残ってしまうことで、再発が多いという結果となっていました。

そこで、この膀胱がんの治療における課題を解決するためにALA-PDDを臨床導入すべく、私たちは、2004年から日本初となる臨床試験を実施しました。その結果、ALA-PDDが膀胱がんの診断精度を向上させ、特に、微小ながんや平坦ながんの検出率を向上させることを明らかにしました。

膀胱がんの手術（経尿道的膀胱腫瘍切除術）において、従来の白色光の下でがんの切除を行うと99人中60人に再発がみられたのに対し、ALA-PDDでがんを光らせながらがんの切除を行うと再発は99人中33人にとどまったという結果がでています。さらに、がんを切除したのちの一定の期間ごとに、再発せず患者さんが生きておられる確率を調べてみると、ALA-PDD

使用では86.9％（12カ月）、74.7％（24カ月）、69.7％（36カ月）、66.7％（48カ月）、66.7％（60カ月）なのに対し、従来の方法では58.6％（12カ月）、49.5％（24カ月）、41.4％（36カ月）、41.4％（48カ月）、40.4％（60カ月）という差が明らかになっています。この数値結果を示した私たちの論文「Comparison Between Intravesical and Oral Administration of 5-aminolevulinic Acid in the Clinical Benefit of Photodynamic Diagnosis for Non-muscle Invasive Bladder Cancer」は、2012年に、アメリカがん協会（ACS）が発行する論文誌『Cancer』118巻4号（1062-74頁）において発表されました。

このように、ALA-PDDで観察しながら行う内視鏡手術により、再発を減少できることを実証しています。同年には、フェーズII／IIIとして医師主導治験、2015年にはフェーズIIIとして企業治験を実施することで、膀胱がんにALA-PDDが有用であることが実証されました。

そして、これら2つの治験の結果を受けて、2017年には、内視鏡を用いて膀胱腫瘍を切除する手術中に、根の浅い膀胱がんを可視化することを目的とした診断薬としてALAが薬事承認を得ることとなり、現在では健康保険を利用して臨床で使われています。今後、膀胱がんの術後の膀胱内再発に苦悩する患者さんに多大な恩恵をもたらすことが期待されています。

2019年には、わが国における膀胱がんのガイドラインが『膀胱癌診療ガイドライン2019年版』〈日本泌尿器科学会編（医学図書出版）〉として改訂され、そこに膀胱がんを可視化する技術としてALA-PDDが正式に記載されました。このガイドラインでは、膀胱がんの診断にALA-PDDを用いることは、がんの検出感度が改善されることから強く推奨されています。さらに、根の浅い膀胱がんの内視鏡を用いた治療でもALA-PDDは膀胱がん再発率の低下につながることから強く推奨されています。

他の臓器のがんについては、ALAはすでに2013年に、悪性神経膠腫という脳腫瘍の手術中に、がん細胞を可視化することを目的とした手術中の診断薬として薬事承認されており、健康保険での臨床実施が可能です。胃がんには腹膜播種という、胃の中全体にタネをまいたようにがんが広がってしまう転移があり、この腹膜播種に対して、現在、高知大学などで医師主導治験を実施中です。今後、腎盂尿管がんや肺中皮腫など、もっと多くのがんでのALA-PDD、さらには膀胱がんに対する活性酸素を利用したALA-PDTも臨床導入されることが期待されます。

がん患者を抱える家族ができること、気をつけたいこと

腎臓や膀胱、前立腺などの泌尿器系の臓器や器官は、不要な物質を尿として体外に排出するなど、身体の中で重要な役割を担っています。

国立がん研究センターがん情報サービス「がん登録・統計」（人口動態統計）で確認すると、近年、日本では泌尿器のがん、特に前立腺がんにかかる人がたいへん増えており、私たちにとって身近な病気になっています。日本人男性の、2016年の部位別でのがん罹患数を見ると、前立腺がんがおよそ9万人で、年々増加の傾向にあります。膀胱がんは、およそ2万3千人、そして腎・尿路がん（膀胱がんを除く）がおよそ3万人であり、これら前立腺がん、膀胱がん、腎・尿路がん（膀胱がん

を除く）の合計は、日本人のがん罹患者男性全体の約25％に当たります。今後も泌尿器のがんがますます増えると予測されます。それぞれの生命予後（5年生存率）は、前立腺がんが99.1％、膀胱がんが73.3％、腎・尿路がん（膀胱がんを除く）が68.6％と、いずれも比較的高い生存率が示されています(2009-2011年)。つまり、泌尿器のがんは、早期に発見し治療を行えば、完治することも大いに期待できます。

また近年、泌尿器のがんにおける診断・治療の開発は、まさに目を見張るものがあります。内視鏡手術支援ロボット（ダビンチ）を使ったがん手術、体の中に放射線源を入れて当てる放射線組織内照射療法、がん細胞に細い針を刺し超低温にして破壊する凍結療法、細胞内のがんの増殖などに関係する分子を狙い撃ちにする分子標的治療、がん細胞によって免疫細胞にかけられたブレーキを解除する免疫チェックポイント阻害治療、そしてこのALAを用いた光線力学診断と、次々と革新的技術が臨床導入されています。このように、従来以上に低侵襲で高精度な診断・治療の選択肢が増えたことも、患者さんの予後改善につながっていると思います。

さらに、予後には「生命予後」と「再発予後」の2種類があります。生命予後とは、単に手術後生きている状態をいいます。再発予後こそALA-PDDによる手術の特長である、「手術後、がんが再発しないで無病でいる状態」をいいます。ALA-PDDを用いることで、がん細胞の見落としが減り、取り残しも減って、経験の浅い医師でも正確な手術が可能になるものと期待されます。それが患者の再発予後の改善につながり、医師にとっても患者にとっても大きなメリットになるのです。

泌尿器科と聞くと、「痛い検査」「恥ずかしい検査」を想像されるかもしれません。しかし、泌尿器科の主な検査は、血液検査、尿検査、超音波検査などで、どれも体に負担が少なく、簡単に受けられるものばかりであり、検査によりがんの早期発見につながります。気軽に定期検診を受け、自覚症状が出る前に病気を早期発見してください。

そして泌尿器のがんが身近な病気であることを認識し、ご自身ならびにご家族の健康管理・病気予防に役立てていただきたいと思います。気になったら、まずは専門医にご相談いただくと、より多くの選択肢から健康寿命をも念頭においた最適の治療を選ぶことができます。

第9章

脳の難病（悪性脳腫瘍）と「ALA」

札幌禎心会病院脳神経外科
脳腫瘍研究所所長

金子貞男

はじめに

脳腫瘍という言葉には、「不治の病」「悲惨」というイメージがつきまといます。テレビドラマや小説では、主人公が病死する場合のインパクトの強い病名としてよく使用されてきました。そのパターンは決まって、激しい頭痛やけいれんが起きて倒れ、場合によっては幻覚や幻聴が起き、精神的にもおかしくなって、やがて意識がなくなり、死に至る、というものです。

確かにこれらは、脳腫瘍によって起きる症状の一部ではありますが、フィクションの世界でのこのような画一的な扱われ方は、脳腫瘍という病気を必要以上に「怖いもの」として印象づけたように思います。しかし実は、死に至るような悪性の脳腫瘍は、脳腫瘍全体の30％以下で、その他は良性です。

良性脳腫瘍の場合、腫瘍のできた部位によっては身体の機能にさまざまな障害が起きることがありますが、手術によって腫瘍を取り除くことで回復します。腫瘍をすべて切除することができれば病気は完治しますし、手術後の5年生存率は90％以上です。もちろん、脳の手術は非常に難易度が高いのですが、設備の整った病院で優秀な術者が行えば、全摘出は不可能なことではなく、取れば治る良性脳腫瘍は比較的単純なものといえます。

しかし、悪性の場合は治療の方法や生命予後はまったく異なります。悪性脳腫瘍とは、脳にできた「がん」のことです。悪性といっても、悪性度のレベルは何段階かあり、最も悪性度の高い脳腫瘍の場合には、最新の治療をもってしても、平均生存期間は16カ月前後です。悪性脳腫瘍と診断されたら、多くの患者さんが次の誕生日を迎えられないことになります。悪性脳腫瘍はまだまだ難病の一つです。

脳腫瘍とは何か

脳腫瘍とは文字通り、「脳に生じた“できもの”（腫瘍）」のことです。頭蓋骨の中身を脳といい、脳にできた“できもの”は、すべて脳腫瘍といいます。これらの腫瘍は、神経そのものや神経を支える細胞、血管、脳を包む膜（髄膜）などから発生し、その細胞の性質や形によって細かく分類されます。

脳腫瘍には良性と悪性があり、一般には脳組織そのものから発生する腫瘍は悪性のことが多く、脳組織の外側などに発生する腫瘍は良性が多い、という傾向があります。また脳腫瘍には、頭蓋内の組織から発生した「原発性脳腫瘍」と、脳以外の身体の部分で発生した“がん”が脳に転移した「転移性脳腫瘍」があります。原発性脳腫瘍には良性も悪性もありますが、転移性脳腫瘍は当然ながらすべて悪性です。

原発性脳腫瘍の特徴としては、良性であろうが悪性であろうが、身体の他の部分に転移することはほとんどありません。脳腫瘍には、良性と悪性の両方の腫瘍が含まれるため、「脳のがん」とはいいません。しかし、悪性脳腫瘍に限っては生物学的な特徴や治療の方法から便宜的に「脳のがん」といっても差し支えないと思っています。

日本人の場合、原発性脳腫瘍患者は年間に2万人くらい発生するといわれています。人口10万人あたり15-16人程度の発生率なので、比較的稀な疾患です。脳腫瘍にはいろいろな種類がありますが、最も多いのは「神経膠腫」と呼ばれるもので脳腫瘍全体の約30%を占めます。次に多いのは脳を包む膜から発生する「髄膜腫」が約29%、さらにホルモンの中枢である下垂体から発生する「脳下垂体腺腫」、聴神経から発生する「神経鞘腫」と続きます。

神経膠腫は「グリオーマ」とも呼ばれており、脳のグリア細胞から発生します。グリア細胞は神経細胞の数10倍以上の細胞数があり、膠の文字が示しているように脳の中で神経細胞を固定する働きをしています。それ以外にも、神経細胞への栄養因子の合成や分泌、電解質の修正、神経の鞘である髄鞘をつくったり、神経細胞を守る血液脳関門を形成したりするなどの働きもあり、実は、脳のフィクサーではないかともいわれています。

この神経膠腫（グリオーマ）のうち約60%が悪性といわれていますので、悪性グリオーマは脳腫瘍全体の18%程度になります。この悪性グリオーマの診断と治療に5-アミノレブリン酸（ALA）が有用なのです。

脳腫瘍の症状は大きく分けて二つあります。一つは、腫瘍が頭蓋内を占領して頭蓋の内圧が高くなるために発生する「頭蓋内圧亢進症状」です。お腹に腫瘍ができれば、お腹が膨れたりします。しかし脳の場合、頭蓋骨という硬い骨に囲まれているので、頭蓋骨の中に腫瘍ができても骨は膨れず、脳が圧迫されて内部の圧が高くなります。この状態を頭蓋内圧亢進といいます。

頭蓋内亢進症状には、頭痛、嘔吐、眼底が腫れることによる視力低下などがあります。頭痛、嘔吐は朝方に多いのが特徴ですが、腫瘍が大きくなるにつれて持続するようになります。また、さらに進行して頭蓋内圧が高くなることによって脳ヘルニアという状態が起き、意識や呼吸の障害が出て、命に関わります。

もう一つは腫瘍ができた部位によってさまざまな形で現れる「脳の局所症状」です。脳の局所症状は腫瘍の発生した部位や、腫瘍によって圧迫された部分の脳の働きが傷害されて起きる症状です。一般には脳腫瘍のある側とは反対側の手足の麻痺、感覚の障害、視野の障害。そして痙攣発作（症候性てんかん)、めまいなどさまざまです。右利きの人の多くは左大脳の障害で失語症（言語障害)、また聴神経に発生すると耳鳴りや難聴が起きます。

これらの症状は良性腫瘍も悪性腫瘍も基本的には同じです。ただ、良性の場合はゆっくり進行しますが、悪性の場合は急激に悪くなります。これはすなわち、良性腫瘍の成長は遅いが、悪性腫瘍は瞬く間に大きくなる、ということを端的に表しています。逆にいえば、成長が早いから悪性腫瘍だということになります。

脳腫瘍が良性か悪性かの判断は、手術で切り取った腫瘍を病理学者が顕微鏡で見て、分子遺伝学や免疫組織学的な特徴をふまえて決定します。一般にはWHO国際分類で決められたⅠからⅣのグレードに分けられます。このグレードを悪性度といい、グレードⅠとⅡのものを良性腫瘍、グレードⅢとⅣのものを悪性としています。ただし、グレードⅡの場合でも悪性に変化することもあります。

脳腫瘍の臨床分類は他のがんとは大きく異なり、リンパ節や他の身体への転移がないために他の身体のがんのようなステージ分類はありません。ステージ（病期ともいいます）とは、がんの進行度合いのことで、がんの大きさの変化、他の臓器への広がり方や転移で分類しています。

悪性脳腫瘍の治療——特徴とその限界への挑戦

悪性脳腫瘍とは、悪性度がグレードIIIまたはIVのものを言います。最も悪性度の高いグレードIVには膠芽腫（グリオブラストーマ：GBM）という名前がついており、すべての脳腫瘍の中でも非常に予後が悪く、厳しいものとされています。

日本での膠芽腫のデータでは、年間2,200人くらいに発生し、平均生存期間は1年6カ月で、5年生存率は10％以下になっています。

悪性脳腫瘍の標準的な治療は、他のがんと同様、手術、放射線、抗がん剤の3種類です。古いデータですが、膠芽腫の生命予後を見ますと、手術のみでは16週間（4カ月）、手術後に放射線照射すると37週間（約10カ月）、それに抗がん剤を追加すると11週間（2カ月）上乗せできる、という結果が報告されています。現在でもこの結果そのものは大きく変わっていないと思っています。

「標準治療」とは、現時点で証明されている最も有効な治療法をいいます。

悪性の脳腫瘍が身体の他の部分にできたがんと違うのは、その場所が「脳」である、ということです。脳には私たちの身体や精神を司る機能がすべて詰まっています。手術で脳腫瘍を摘出するにしろ、放射線を照射するにしろ、悪いところを全部取ればいい、脳のすべてに放射線を照射すればいい、というわけにはいきません。もし必要以上に切除すれば、心身の機能に大きな影響を与え、麻痺や言語障害がでます。脳の全体に必要以上に放射線を照射すれば、たとえ生存していても、放射線の影響で数年後には脳が萎縮し、痴呆状態になったり身体的に寝たきりであったり、ということになってしまいます。

このような治療上での限界が、悪性脳腫瘍の治療効果が上がらず、生存率が長年の間改善されなかった、大きな原因となっています。これらの原因を少しでも解決するためには何が重要かつ不可欠なのかを考える必要があります。

ここでは、脳神経外科の手術方法と治療について考えてみたいと思います。悪性脳腫瘍の場合、先程も触れましたように、手術で全て摘出できるのかという問題です。

脳以外のがんでも同じですが、悪性脳腫瘍細胞は正常な組織の中に潜り込んでいくように進行します。この状態を「浸潤」といい、浸潤している部分ではがん細胞が活発に活動しています。まるで白いタオルに落とした青インクが、タオルの繊維に染み込んでいくような状態です。このことは正常組織の中に腫瘍細胞が紛れ込んでいるということです。

もしも紛れ込んだ腫瘍を全て切り取ってしまえば、正常組織も一緒に切り取ってしまうことになります。すると、正常組織の機能も失ってしまいます。麻痺や言語障害が手術後に出ることが心配です。

さらに問題なのは悪性脳腫瘍は手術中に肉眼で見たり、感触を確認するために触ったりしても正常組織との区別がつきにくい特徴があります。昔、研修医時代、「よし、これが腫瘍だ」と自信満々に切り取っていく偉い先生の横で手術の手習いをしながら、ずっと納得できない思いを抱いていました。手術後の検査で腫瘍の大部分が残っていたこともありました。

悪性脳腫瘍の手術摘出は、脳という場所であるがゆえの大きな限界があります。どんな腫瘍でも、脳のどこにあっても物理的に切除することは可能です。しかし、腫瘍が切除できたとしても、患者さんが人間としての形をなさなくなってしまっては、元も子もありません。

手術で無理をしても、大きく脳腫瘍を摘出することによって本当に生存日数が伸びるのか、意味があるのか、という問題があります。この問題を解決してくれる多くの研究があり、最近の研究では脳腫瘍全体の95%以上を切り取り、さらに、残った腫瘍の体積が10cc以下であれば術後生存日数は確実に延長することがわかりました。それはすなわち、それ以下の摘出率、それ以上の残存量であれば手術をしてもしなくても、術後生存日数は同じであるということです。

また、悪性脳腫瘍の場合は脳以外の他臓器に転移することはほとんどないという特徴があります。このことは、一般のがんの治療のように他臓器への転移に怯えることなく、脳だけの治療を考えればよいという意味です。悪性脳腫瘍の治療は脳への局所療法だけで、局所のコントロールができればよいということを意味します。

こうした特徴を考慮しながら問題を解決し、限界を超えるには、何をどうすべきなのか。長年続けられてきた手術をはじめとする治療の中で、さらに何か可能なこと、前に進めることはないのか、と考えてみると、いくつかの可能性が浮かんできます。

そして私が思うに、これらの解決すべき課題は次の3点であり、その課題を解決してくれるのがALAでした。

① 手術中、腫瘍を切除する前に、肉眼で正常脳組織と腫瘍組織の区別を明確にできれば、余計な部分を傷つけずに腫瘍

組織をより正確に切除することができます。

② 手術中、腫瘍の近くで切り取ろうとする脳の機能を暫時確認しながら切除できれば、手術後の機能障害を最低限に抑えられます。

③ 手術でどうしても取り残さざるを得なかった正常組織と腫瘍組織の混在した部分で、腫瘍組織だけを死滅させることができる方法があれば生命予後はずっと改善します。

標準治療に加えて、これらを組み合わせて手術を行えば、①では、切除しすぎて起こる障害や取り残しを少なくして、脳腫瘍全体の95%以上を切り取り、残った腫瘍の体積を10cc以下にすることが可能になります。

②では、術後の合併症を最小限に抑えることができて、患者さんの術後のQOL（生活の質）に大きな差が出ます。

③では、取り残した腫瘍や、脳の深部にあって手術の困難な腫瘍に対しての治療も可能になります。

これらの可能性を実現することが、悪性脳腫瘍の治療効果を高め、生存率を上げることにもつながると私は考え、臨床のかたわら、動物実験や臨床研究に取り組んできました。

現在までに、①はALAを用いた光線力学診断（ALA-PDD)、②は覚醒下（全身麻酔をかけないで、局所麻酔だけで意識下に開頭術を行う）での脳機能のモニタリング、③はALAなどを用いた光線力学治療（ALA-PDT）によって、その形が確立しつつあります。

次に、私が現在行なっている悪性脳腫瘍に対する実際の治療方法などについて、詳しく説明していきたいと思います。

光線力学診断(PDD)　腫瘍組織と正常組織の境界 〜どこまでが腫瘍かを確実に診断する〜

悪性脳腫瘍は、手術中に肉眼で見て「ここからここまでが、がんである」と明確に指摘することは困難です。

現在まで長い期間、手術でどこまで切除するかという判断は、肉眼で見た感じや患部の感触など、手術を執刀する医師の経験や勘によってなされてきました。当然医師の力量によって判断はまちまちであり、正常組織まで取ってしまったり、取り残してしまったり、ということもよくあります。そのため、腫瘍は切除できても手足の麻痺や、言語能力、意識レベルに大きな障害が残ったり、手術後、数カ月も経ないうちに再発したり、ということが起きています。

手術中、切除した組織の切片を顕微鏡で確認すれば、正常の脳組織を切ってしまっていることも、この程度の切除ではまだ腫瘍が残っているだろう、ということもすぐにわかります。しかし切り取ってしまってからわかっても、取り返しがつきません。また、術後、MRIで映っている腫瘍が全部取れていれば、執刀医は、「肉眼的全摘」と判断します。でも、「MRIで映っている部分だけが腫瘍だ」という判断は、本当に正しいのでしょうか。

MRIの画像には確かに腫瘍の形状が映りますが、それはあくまでも「MRIの特性を踏まえた上での画像レベルで腫瘍を認識できる」ということです

最近の研究で、MRIに映った部分の外側にも腫瘍が存在することが明らかになっていますし、数年前の研究で、脳腫瘍が疑われ、未治療で亡くなった人の脳を解剖したら、直径4cmほど

腫瘍（GBM）があり、その周囲2cm離れた場所に全体の6％、4cm離れた場に1.8％、遠く離れた場所にも0.2％の腫瘍細胞が正常組織に紛れて認められたという報告もあります。このように、MRI画像や手術中の目視や経験に頼って行う切除には限界があります。

この問題を解決するには、正常脳組織と腫瘍組織の境界線を、手術中、腫瘍を切除する前に、MRI画像や目視でなく、組織レベルで確実に知っていることが必要だということです。

この大問題に解決の糸口を与えてくれるのがALAでした。

ALA-PDDの原理
～悪性脳腫瘍組織だけが赤い蛍光を発する～

悪性脳腫瘍の患者さんにALAを飲んでもらい、手術中に青紫のレーザー光をあてると、脳腫瘍組織だけが赤い蛍光を発します。正常の脳組織は変化しません。不思議な現象が起こります。この現象を利用した診断法を光線力学診断（ALA-PDD）といいます。赤い蛍光は、手術中に肉眼で簡単に見て確認することができます。この現象を利用して、手術中に悪性脳腫瘍組織だけを確認しながら切り取ることができます。

ALA-PDDはがん細胞の代謝の特異性から、がん組織を診断する方法です。MRIにおける診断の方法とはかなり異なっているといえます。ALA-PDDによる術中の腫瘍の確認は、従来の経験と肉眼だけに頼る方法と比べて、いかに優れているかを示すデータがあります。このデータは、たまたま悪性脳腫瘍が右の側頭葉という場所にあり、少々、大きく切り取っても、障害の出ないことを確認しながら、正常部分も含めて大きく切り取ったケースのものです。

切り取った腫瘍組織を単に肉眼で見た場合とALA-PDDの蛍光で見た場合の腫瘍の見え方を比較してみました。従来の方法で色調の違いなどから悪性脳腫瘍を確認（視認）した場合は腫瘍の最大直径で約20mmでしたがALA-PDDで確認（視認）した場合は30mmと、より確実に広範囲に確認できることが明らかになりました〈S. Kanekoによる論文「Photodynamic Applications (PDD,PDT) Using Aminolevulinic Acid in Neurosurgery」I. Okura & T. Tanaka編『Aminolevulinic Acid: Science, Technology and Application』（SBIアラプロモ）119-40頁（2011）〉。

さらに、赤い蛍光を人間の目だけに頼らず光学機器で蛍光をスペクトル分析すると、人間の目では確認しづらい非常に弱い赤い蛍光を捉えることができます。このスペクトル分析を利用すると、腫瘍の最大直径は35mmまで診断確認できます。実に、経験と肉眼だけに頼った場合の1.75倍の領域で手術中に腫瘍組織を確認できることになります。また、MRIで造影される部分の腫瘍の大きさとALA-PDDで診断した腫瘍の大きさを比較するとALA-PDDの方が1.25倍広く診断可能であったというデータもあります〈上掲6行目の文献と同〉。これによって少しでも取り残しを防ぐことが可能になることがわかります。

次に、実際に赤い蛍光を発した組織が本当に悪性脳腫瘍組織であったかを示すデータがあります。WHOグレードIII-IVの悪性グリオーマを対象に、手術で蛍光を認めて、切り取った156サンプルのうち153サンプル（98%）が実際に病理学的に悪性腫瘍でした。しかし、問題なのは蛍光を肉眼で認めなかった61サンプル中25サンプル（42%）が組織学的に悪性脳腫瘍だったことです。これらの摘出した61サンプルは赤色蛍光組織の周辺で明らかな赤色蛍光は認められませんでしたが、若干色調の変化があり気になる組織でしたので、術中迅速病理のために摘出したものでした〈S. Kanekoによる論文「Intraoperative Photodynamic Diagnosis of Human Glioma using ALA induced PpIX」『No Shinkei Geka』29巻11号1019-31頁（2001）〉。このことは、ALA-PDDといえども、正常脳組織内に浸潤したごく少量の腫瘍組織を完璧に診断できるものではなく、現時点でのALA-PDDの限界を示すものです。術中にスペクトル分析などを利用した、さらなる開発が必要であると思っています。

ALAによる術中蛍光診断が開発されて、手術による悪性脳腫瘍の摘出率は格段に向上しました。今までの全摘出率は約40%でしたが、ALA-PDDを利用するようになって、全腫瘍の全摘出率は78%に上昇しました。これはあくまでも開発中のデータですから、現在では全摘出率が80%を超える施設も多くあると考えられます〈前掲166頁6行目の文献と同（同論文の135頁による）〉。

「ALA」との出会い、そして最初の症例

私は1970年に大学を卒業して脳神経外科の教室に所属し、脳神経外科一般の訓練を一段落してから、本格的に悪性脳腫瘍の研究を開始しました。研究をしていて、アメリカのオハイオ州立大学への留学の話が持ち上がった時に、その留学先のNorman Allen教授から「悪性脳腫瘍の光治療（Phototherapy）も考えている」といった内容の手紙をいただきました。この時、初めて光を使った悪性脳腫瘍の治療があることを知りました。しかし、留学先で光治療の実験は帰国する直前の数カ月でした。2年数カ月の留学を終えて、1981年暮れに帰国し、

1985年に北海道大学から岩見沢市立総合病院の脳神経外科に転出しました。

アメリカ留学時代に数カ月、北大、岩見沢市立総合病院で悪性脳腫瘍に対して、光線力学療法（PDT）を行なって、ある程度の成績をおさめていました。PDTとは、光感受性物資をがん細胞にだけ特異的に取り込ませて、そこにレーザー光を当てて、がん組織を殺す方法です。その当時、悪性脳腫瘍のPDTにはALAではなく、HPEというポルフィリン化合物を光感受性物質として利用していました。このHPEを利用して悪性脳腫瘍からの蛍光観察を試みましたが、ことごとく失敗でした。

1994年、アメリカ合衆国のマイアミ市で開催された第5回国際光線力学会に出席し、ミュンヘン大学レーザー研究所のBaumgartner博士による膀胱がんのALA-PDDの実験と臨床の講演を聴きました。真っ暗な、暗黒の膀胱壁に、青色のレーザー照射でがん組織だけが、真っ赤な蛍光を発し、浮き出るようなスライドを見て、頭が真っ白になる程驚き、感激しました。HPEで何度試みても失敗の積み重ねでしたから。

この泌尿器科の学会発表が、私のALAとの最初の出会いであり、ALAをなんとか悪性脳腫瘍の蛍光診断に応用できないものかと考えるようになった大きな契機でした。

翌年、オーストリアで行われた「第1回光線力学治療の臨床と基礎」という学会に出席して、この国際学会の会長だった友人のHerwig Kostron教授にALA-PDDのことを話して、Baumgartner博士を紹介してもらいました。HerwigとBaumgartner博士が、実は仲の良い友人同士であったことが幸いしました。ミュンヘンのBaumgartner博士の研究室を訪問し、ALA-PDDの具体的は方法について教えてもらいました。当時、ミュンヘン大学病院の脳神経外科医のWalter Stummer先生たちが、動物実験を開始し、臨床への応用も視野に入れているとのことで、Walter Stummer先生にも会って助言を得ました。

その後、岩見沢に帰って、ALA-PDDをどう進めるか、考えあぐねていました。ここは、人口8万5千人の田舎町の市立病院です。もちろん、実験動物もいなければ、実験道具も何もない。北大は、将来性の見込みのない研究には否定的でした。そこで、北大の後輩と旭川医科大学の先生にこっそり頼んで、以前に私が完成させた脳腫瘍ラットモデルをつくってもらいました。

実験道具は企業に無理して貸してもらったり、無償でいただいたり、ALAは試薬用を自費で購入しました。そうした苦労の末に、脳腫瘍ラットにALAを打って、ラットの脳腫瘍に青色レーザーで真っ赤な蛍光を見たときは、本当に嬉しかった。市立病院に動物舎は無いので、ラットは自宅の玄関先で飼っていました。家内に聞いたところによると、当時、小学生だった2人の息子が、ラット解放作戦を練っていて、密かに「ネズミちゃん、お父さんに殺される前に、開放してあげるね！」なんて、耳打ちしていたらしい。作戦実行前に、なんとか実験ができて、ネズミには気の毒でしたが、私にはラッキーでした。開放されていたら、どうなっていたことか。

そしてようやく、臨床研究に移ることになり、最初の症例は1997年1月8日岩見沢市立病院で万難を排して行われました。この症例は結果的に病理組織が転移性脳腫瘍でしたが、腫瘍組織は真っ赤な蛍光を発し、手術場は歓声に溢れました。

福井大学の三好憲雄先生や当時コスモ石油に在籍していた田中徹さんなどの多くの研究者の協力によって日本初のALA-PDDが実現しました。

第2例目は1月29日、悪性の膠芽腫でした。ALA-PDDは多くの研究者の協力によって2013年に健康保険に収載され、ALA内服剤が医薬品として販売開始されたことによって国の認める治療法になりました。

覚醒下開頭術の必要性

ALA-PDDをしながら、腫瘍を切り取っていくうちに、この部分を本当に切り取って、手術後に障害が出ないのだろうか、と心配になることがありました。この心配を少なくするためには、手術中に、赤い蛍光があっても、切り取る前に、切り取ろうとする部分の脳の機能を調べてから切り取ればいいという結論になりました。例えば患者さんの言語機能を調べるためには、手術中に患者さんと対話をする必要があります。つまり、手術中に患者さんに目を覚ましていてもらうということです。

当時、アメリカを中心にてんかんの手術で、全身麻酔をかけずに、痛み止めの局所麻酔だけで脳の手術をすることがありました。それを参考に、私たちも局所麻酔だけで悪性脳腫瘍の手術をすることにしました。もちろん、手術中に患者に痛みはありません。

最初の覚醒下での腫瘍摘出術は1997年10月15日、再発膠芽腫の患者さんでした。岩見沢市立総合病院の麻酔科医に協力してもらって、安全に手術が行われました。実際の手術では、ALA-PDDで腫瘍の範囲を確認しつつ、腫瘍の切除中に随時、運動中枢や運動繊維と思われる場所に電気刺激を与えました。すると、対応する筋肉がピクピクと動きます、それを筋電図で確認します。次に言語の機能は、覚醒している患者さんの言語中枢と思われる場所に電気刺激をして、失語検査表というチェックリストを使ってチェックします。具体的には、患者さんに絵を見せて物の呼称を尋ねたり、言ったことを復唱してもらったりして言語障害が出ていないかを確認します。これらのチェックを行いながら、もし患者さんの異常を確認したら、その部分は取らずに残します。この方法によって安心して切り取ることができるようになり、手術後の後遺症も少なくできるようになりました。

覚醒下で手術を受けた患者さんの中に、一人の看護師さんがいます。運動機能を司る部分に、グレードIIIの悪性グリオーマができており、症状は全身の痙攣発作のみで手足の麻痺や言語障害はありませんでした。以前に他の病院で手術を受けましたが、手術中にこれ以上取り除くことは困難であると判断され、腫瘍の大部分を残して終了したとのことでした。その後、再手術を受けるために、紹介されて私の勤務する病院にやってきました。腫瘍の場所が脳機能の非常に大切な場所にあったため、ALA-PDDと覚醒下での手術を行いました。事前の話し合いで、ある程度の仕事ができれば少し障害が残っても長生きしたい、という希望を聞いていました。そのことから生命予後と軽度の機能障害に重点をおいた手術を行い、ある程度踏み込んで切除しましたが、幸い、術後に麻痺や言語障害はほとんど出ませんでした。

この患者さんは看護師だったこともあって、開頭した自分の脳をぜひ見たいと希望して、手術中に手術顕微鏡のモニターで、頭蓋骨を外して剥き出しになった自分自身の拍動している脳を見ました。「これが私の脳味噌なのね！　きれいだわ！ステキ！」と感激していましたが、生きている自分の脳をリアルタイムに見た人、というのは、世界でもそれほど多くはないと思います。

光線力学治療(PDT)
～がんを光らせて治療する～

患者さんにALAなどの特殊な光感受性物質を投与するとがん細胞に特異的に取り込まれ蓄積します。その細胞に一定波長のレーザー光を当てると、光化学反応が生じてがん細胞だけがアポトーシスに陥り死滅します。この原理を応用したのが光線力学治療（PDT）です。研究当初、ALAはあまり普及していなかったので、光感受性物質はHPEというポルフィリン化合物を使っていました。

PDTの最初の症例は1984年6月、北大で行いました。手術後の取り残した脳腫瘍に対して、手術中にPDTを行い、ある程度の効果を見ていたのですが、学会発表などでは、結果的には手術で上手く取れたからではないのか、などとPDT効果はあまり評価されませんでした。そこで、手術で腫瘍を切り取らないで、PDTだけで治療効果を発揮できるような方法を考えていました。

PDTはレーザー光を腫瘍に当てて治療するために、レーザー光が腫瘍に直接当たらなければ何もなりません、レーザー光が組織の中を進んでゆく距離は、レーザーの波長によりますが、私たちが利用している640nmのレーザー光は脳組織の中を約6-7mmくらいしか進まないとされています。

そこで、悪性脳腫瘍が脳の深部や大切な脳機能の場所にあり、手術摘出の困難な小さな悪性脳腫瘍の患者さんを対象にしました。レーザー光を頭から当てても、腫瘍まで届かないので、直径0.5mm程度の光ファイバーで光を誘導し、頭蓋骨に穴を開けて、光ファイバーを脳に穿刺し、腫瘍に直接当たるようにしました。光ファイバーとは、光信号を伝送するための非常に細い線で、光通信にも使われています。

そんな頃に、私の勤めていた病院に紹介されてきた19歳の青年がいました。気のいい若者でしたが、他の総合病院で検査を受けたところ、脳の運動機能の中枢の近くに悪性脳腫瘍があり、手術をすれば取り切れるかもしれないが必ず麻痺が残ることになると診断され、紹介されました。

場所も運動中枢のすぐ近くという非常に手術の難しいところでした。手術で腫瘍に到達するには正常の運動中枢を切らねばならず、腫瘍を摘出すれば麻痺の出るのは確実です。しかし、幸いなことに腫瘍の大きさは2cm前後の比較的小さなものでした。いろいろと話し合ったあと、切除による運動麻痺が起こる可能性が高いこと、また腫瘍の体積が小さいためPDTの効果が高いと予想されたことで、外科的な腫瘍の切除は一切せず、光ファイバーを脳腫瘍に穿刺してHPE-PDTを行い、その後放射線と抗がん剤による治療をすることにしました。

まず最初に、光ファイバーを穿刺する前に定位脳手術法で腫瘍組織の一部を取って病理診断を行いました。組織は予想通りグレードIIIの悪性グリオーマでした。レーザー光を当てて2時間くらいでPDTを終了しました。PDT後の造影MRIで腫瘍陰影は完全に消失していました。

手術後、一時的に麻痺が出たものの、その後完全に回復し、現在は、年に一度の検査に来ていますが、今のところ再発はありません。この青年に初めて会ったのは今から20年以上前のことです。彼は治療後、仕事に復帰して出世し、結婚もして普通に生活をしています。この症例は外科的な切除術を一切していなかったこともあり、悪性脳腫瘍に対するPDTの効果を非常によく表すものでした。

また、大学病院で手術、放射線、抗癌剤治療を受けて、8カ月で再発、言語中枢に腫瘍がかかっているので、もはや治療の施しようがないと、岩見沢市立病院の私のところに紹介された患者さんがいました。ALA-PDDで腫瘍を確認しながら覚醒下で再発した腫瘍を切り取り、運動と言語機能の部分に残った腫瘍に対してレーザー光を腫瘍表面に当ててPDTを行いました。10年以上が経って、ひょんなことから、この患者さんに会うことができました。MRI画像上の再発はなく、今でも少し、言葉の不自由と軽い麻痺はありましたが、普通の主婦として元気に生活していることを知って、私たちの覚醒下手術、PDD、PDTに自信が持てるようになった症例でした。

これからの「ALA」を使った治療の方向

今まで述べてきたように、大切なことは、ALA-PDDで腫瘍がどこまで広がっているかを確実に診断しながら手術を行うことです。スペクトル分析を駆使しながら、取れる場所にある腫瘍を確実に取り除きます。次に脳の機能で重要な場所に入り込んだ腫瘍を覚醒下手術で手足の動きや会話をモニタリングしながら、さらにギリギリの部分まで取り除いていきます。それでも取り切れない部分がある場合は、無理に切除しようとせず

ALA-PDTに切り替えます。

PDTは基本的にレーザー光が届かないと十分な効果が発揮できないので、体積があまり大きな腫瘍には適していません。しかし、手術である程度取ってしまった取り残しの小さい部分に使用するなら、十分に有効です。レーザー光を当てて、取れなかった腫瘍組織の部分を死滅させます。その上で、従来の放射線や抗がん剤の治療を行います。

このようにALA-PDDと覚醒下での開頭手術にALA-PDTを組み合わせた治療は、患者さんの手術後のQOL（生活の質）を維持しつつ生命予後を延ばすために、非常に有効だと考えています。

実際に、この方法で治療を行なった患者さんの中には、機能障害も残らず日常生活や仕事に復帰している方が何人もおられます。

ALA-PDTが先行しているドイツでは、開頭してALA-PDDで腫瘍を摘出した後にALA-PDTを併用した治療がよく行われ、症例によっては腫瘍を摘出しないでALA-PDTを行い、5年間元気にされていると報告されています〈W. Stummer他による論文「Long-sustaining response in a patient with non-resectable, distant recurrence of glioblastoma multiforme treated by interstitial photodynamic therapy using 5-ALA: case report」『Journal of Neuro-Oncology』87巻103-9頁（2008）〉。治療後10年間生存したとも、同報告をされた研究者よりその後に伺いました。今まで20年以上も変わらなかった生存率がALA-PDD、ALA-PDTによって大幅に延長したというのは、大きな希望だと思います。

ALA-PDTの治療効果は十分に期待の持てるものなのですが、残念ながら日本での症例数は非常に少なく、ALA-PDTはいまだに健康保険の適応になっておりません。できるだけ、早く保険収載されて、厚労省の認める治療にしたいと思っています。

悪性脳腫瘍は他のがんに比べて圧倒的に患者数が少なく、治療後の生命予後も悪いことから、研究が進まず生存率も上がらないという、デメリットがありました。しかし患者数が少ないということは、一人ひとりの患者さんに対して、じっくりと取り組むことができるということでもあります。私は、自分のポケットの中にあるさまざまな治療方法の中から、その患者さんに最も適した方法を取り出し、複数の治療方法を上手に組み合わせることで、患者さんのQOLと生命予後が改善されると思っています。もし、悪性脳腫瘍と診断されても、決して諦めずに、効果のあるいろいろな治療法を選んでもらいたいと思っています。

なお、ALA-PDD、PDTについて詳しくお知りになりたい方は、筆者も寄稿している『機能性アミノ酸　5-アミノレブリン酸の科学と医学応用』〈(東京化学同人) 36-43頁 (2015)〉、または金子貞男著『脳の“がん”に挑む3つの新技術』〈ポリッシュ・ワーク (2015)〉をぜひ参照ください。

第10章

小児の難病と「ALA」

埼玉医科大学小児科・ゲノム医療科教授／
難病センター副センター長

大竹 明

医師人生のなかで培われた私の人生観

本書に寄稿を依頼され、二つ返事でお引き受けしました。2012年にSBIファーマの高橋究さんたちとお会いし、翌2013年に日本生化学会と日本小児科学会の推薦を取りつけ、日本医師会治験促進センターの面談を受けた後、「ミトコンドリア病に対する5-アミノレブリン酸塩酸塩（通称ALA）およびクエン酸第一鉄ナトリウムの有効性及び安全性に関する研究」として、国立研究開発法人日本医療研究開発機構（AMED）の課題に正式に採択され、医師主導治験がスタートしたわけですが、その時からこの仕事を、私の臨床医としての集大成にしようと決めていたからです。

思い起こせば、私が医師を志すことになった動機は月並みなものでした。小学校2年生の時に見たTVドラマで、人が死ぬ場面に涙し、その際に祖母に「医者になりたい」と言ったことを今でもよく覚えています。

祖母は、従軍看護婦（祖母の言葉通り、あえて看護婦と表現させてください）として戦時中に満洲を飛び回った経歴を持ちます。大竹家は代々軍人の家系で、父も陸上自衛官でしたから、医療に従事したのは祖母しかおりません。尊敬すべき立派な女性でした。私は小さい頃からこの祖母の薫陶を受けて育ちました。

高校に入ってから生涯の友ができました。一人は役人でもう一人は編集者です。私の高校はとても蛮カラで、校訓は“堅忍不抜・自主自律”です。入学してすぐ学園紛争が勃発し、私たち3人は昼間からクラシックレコードの鑑賞に耽っていました。“同じ「運命」でも、演奏によりこうも違うものか”との実体験を基に、クラシック音楽のみならずいろいろな物事への真の鑑賞眼が形作られ、私にとっては非常に有意義な学園紛争時代でした。この2人とは現在も親交が続いていますが、医師以外の仕事をする親友がいるのは本当に良いことだと思っています。臨床医にとって最も大切なことは「患者さんと真の信頼関係を結ぶ」ことであるというのが私の信念ですが、患者さんとしても、相手がいわゆる「医者バカ」では話がなかなか進みませんものね。

それから私には、出会って強い影響を受け、師匠と呼ぶことのできる先生が4人おられます。どの先生にも人生の要所で、心に刺さるお言葉をいただき、その一つひとつを自らの人生の道標としてきました。

千葉大学医学生時代には毎日、部活動としての卓球に明け暮れていましたが、顧問の法医学の故木村康先生から、「医者の目標は、患者さんに満足して死んでもらうことだよ」と言われたことは今でも忘れることができません。

医学部卒業間近に進路に迷っている頃にお会いしたのが、当時千葉大学小児科におられた高柳正樹先生（現帝京平成大学）です。先生からいただいた言葉は「小児科に来れば何でもできるよ」でした。私は現在、その通りに生きています。

また、私はもともと代謝マップを眺めることが大好きで、小児科臨床医になった後も、基礎研究（生化学教室）と臨床を行き来して過ごしていました。生化学の師匠が千葉大学第二生化学からのちに熊本大学分子遺伝学に移られた森正敬先生でした。自分の生きる道を生化学に変更しようかと悩んでいた時に、森先生から言われた「大竹さんは臨床をやめたらあかん」

という言葉は今も臨床医としての支えです。

埼玉医科大学に移ってから、卒後15年目にして内分泌疾患の研修を始めたのですが、その時に出会ったのが都立清瀬小児病院から後に小児総合医療センターに移られた長谷川行洋先生でした。長谷川先生の「患者さん一人ひとりが先生ですよ」という言葉を、ともすれば惰性に流されそうになる時に思い出すようにしています。

他にも、小児科医になった時の師匠である故中島博徳先生、埼玉へ移った時の師匠である佐々木望先生など、私は本当に師匠に恵まれたと思います。

今の私は「自分に忠実に生きる」ことを一番大切にしていますが、これは決して「自分勝手に生きる」ことではなく、「自分が今、本当にやりたいことを常に自問自答しつつ生きる」という意味です。私なりのこの人生観は、多くの師匠たちとの出会いがあったからこそ得られたものであり、医師としても「臨床医の最終目標は治療法の開発」であるとのブレない思いを堅持することができるようになりました。そしてその医師としての「志」が、現在の「ALA」を用いた治験につながっているのだと思っています。

「ALA」と私の出会い
――「ミトコンドリア病」研究に没頭するなかで

私は「ミトコンドリア病」研究の道すがら、ALAと出会いました。したがって、まずは私のミトコンドリア病研究についての振り返りをしてみたいと思います。

2020年7月現在、私たちの手元には2,687家系4,282名にのぼる方々からの7,184検体が存在します。この場を借りて、ご協力いただいた患者さんとそのご家族、そして主治医の先生方のお力添えに感謝申し上げたいと思います。

様々な患者さんと出会い、医師として人間として、多くの勉強をさせてもらいましたが、なかでも特に思い出されるのは、「私たちの元に解析依頼のあった最初の患者番号0001」の患者さんのことです。

患者さんは2001年3月に生まれた女児で、出生前から脳の萎縮と脳室の拡大を認め、生後すぐにひどい高乳酸血症を来たし、当時研究的に使用されていたジクロル酢酸ナトリウムやビタミンB_1などの使用も効果なく、残念にも生後3カ月あまりで死亡されました。ご両親にうかがうと、お姉さんも同様の症状で亡くなっていたのです。

翌年、私はメルボルンLa Trobe大学生化学のMike Ryan先生のもとに留学し、毎日「Blue Native 電気泳動（BN-PAGE）」に明け暮れました。「BN-PAGE」とは「Blue Native Polyacrylamide Gelを使って電気泳動を行う」という意味です。電気泳動とは何かというと、電荷（＋もしくは－）を持った分子に電流を流すと、－分子は陽極（＋）へ、＋分子は陰極（－）へ移動するという性質を利用して、DNAやタンパク質などを分離・分析する手法です。このBN-PAGEを使うことで、複合体構造をとるタンパク質や膜タンパク質複合体の大きさや分子種を調べやすくなります。

私は早速、この患者さんの臓器を取り寄せ、この手技を応用しました。結果は明瞭で、ミトコンドリア内にあってエネルギー代謝に重要な役割を果たす「呼吸鎖複合体I」の量・大きさは対照と差を認めませんでしたが、活性染色法により呼吸鎖複合体Iの活性を調べたところ、その活性を示す色がきれいに低下していたのです。

その後、メルボルン王立小児病院のDavid Thorburn先生が試験管内での酵素活性も測定して下さり、「呼吸鎖I異常症」との診断が確定しました。

この時が、日本で「新生児・乳児ミトコンドリア病」の疾患概念が確立された瞬間ではないかと思います。この患者さんは、その後の全エクソーム解析（全ゲノムのなかからエクソン領域のみを濃縮して遺伝子解析をする手法のこと）で、病名は「ピルビン酸カルボキシラーゼ欠損症」と確定しました。呼吸鎖複合体の活性低下は二次的なものとわかりました。

さらに、私の帰国後、千葉県こども病院の村山圭先生が続いてメルボルンへ留学し、呼吸鎖酵素アッセイ法（「呼吸鎖複合体酵素活性測定」のこと。呼吸鎖複合体I～Vの酵素活性を調べる検査）を習得して帰国されました。

そうして、当時埼玉医科大学ゲノム医学研究センターにおられた岡崎康司先生（現順天堂大学難病の診断と治療研究センター長）を交えた3教室でのミトコンドリア病についての第1回リサーチミーティングが始まったのは2010年8月26日のことでした。

その後、ミュンヘンのHolger Prokisch先生たちの教えも受け、ミーティングもほぼ2週間に1回のペースで続けられ、2020年7月21日に第200回を迎えております。

以上のように、ミトコンドリア病研究に情熱を燃やし続けてきた私でしたが、2008年頃、ALAと出会っていました。それは「医者として」ではなく、「ALAちゃん」というキャラクターが出てくるコスモ石油のTVコマーシャルを見たのが最初だったと記憶しています。

それはちょうど医学部学生相手にポルフィリン症の講義を始めた頃でもあったため、教科書的な一通りの勉強はしました。ALA合成酵素がヘム合成系の律速酵素であり、この酵素の活性が生まれつき高い方、低い方でポルフィリン症の症状の軽重が決まるということは、今でも学生に課す試験問題のヤマになっています。

この時点ではまだ、自らの研究におけるALAの価値と可能性に気づいていなかったことは確かです。

難病の治療における「ALA」の価値について～基礎実験データをもとに～

2012年のことでした。ミトコンドリア病研究の途上、SBIファーマの高橋究さんたちが訪ねて来られ、ALAのミトコンドリア機能活性化についての貴重なお話しを伺い、「是非患者さんへの治験の方向で進めて下さい」と強く依頼されました。

そこで上述の岡崎先生、村山先生に加え、強力な味方として東京大学の北潔先生（現長崎大学教授）のお力もお借りし、翌2013年に日本生化学会と日本小児科学会の推薦を取りつけ、日本医師会治験促進センターの面談に合格した後、「ミトコンドリア病に対する5-アミノレブリン酸塩酸塩（ALA）およびクエン酸第一鉄ナトリウム（SFC）の有効性及び安全性に関する研究」としてAMEDの課題に正式に採択され、医師主導治験がスタートしました。

ヒト皮膚線維芽細胞を用いたALA+SFCのミトコンドリア機能改善効果については本稿では簡略な説明に留めます。詳しくは、たいへん専門的になりますが、私たちが「Effects of 5-aminolevulinic acid and sodium ferrous citrate on fibroblasts from individuals with mitochondrial diseases」としてネイチャー・リサーチ社から発行されている『サイエンティフィック・リポーツ』〈9巻1号10549（2019)〉に発表しましたので、それを参照してください。ちなみに「線維芽細胞」とは結合組織を構成する細胞で、コラーゲン・エラスチン・ヒアルロン酸など真皮の成分の合成に関与するものです。

まず正常細胞のみならず、ミトコンドリア病の「患者由来皮膚線維芽細胞」においても、ALA＋SFCを加えることにより、酸素消費量、ATP（アデノシン三リン酸）産生量を指標としたミトコンドリア機能の改善がなされることが確認されました。さらにALAやSFCの単独での効果は薄く、この2剤を併用することの重要性も明らかになりました。

このように、ALA＋SFCの投与によりこれまで解決できなかったミトコンドリア病の根本的な病因であるミトコンドリア呼吸鎖複合体異常に起因するエネルギー代謝不全を改善できる可能性が見いだされ、現在、根本治療薬としての期待が高まっているところです。

「ALA」を用いた治験について

治験というものはフェーズⅠからⅢまであり、非常に時間のかかるものです。ALA＋SFCについては、私に依頼のあった時に、すでに健康成人を対象としたフェーズⅠは完了しており、安全性及び忍容性は確認されておりました。

フェーズⅡ（探索試験：以下図）は、脳神経症状を中心とするミトコンドリア病（生後3カ月以上、2歳未満の「リー脳症」の患者さん）を対象に、ALA＋SFCを投与した際の有効性及

ミトコンドリア病を対象としたALA+SFCの臨床治験の流れ

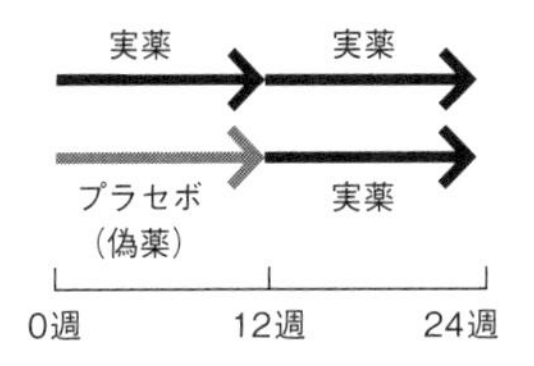

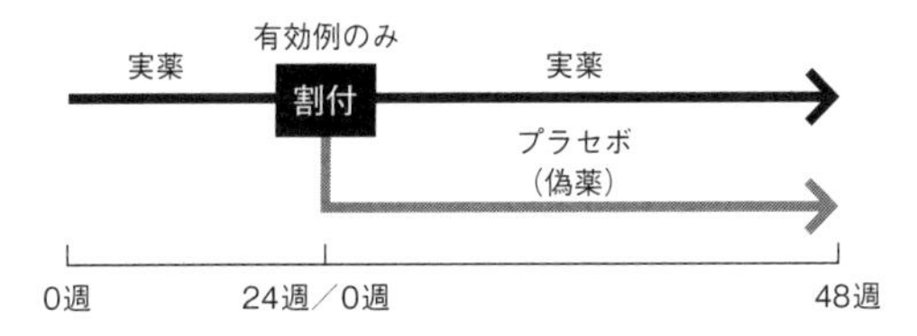

び安全性をプラセボ（偽薬）と比較、検討することを目的に、2014年12月10日から2016年3月7日まで実施されました〈高橋究・大竹明による論文「5-ALAおよびクエン酸第一鉄ナトリウムの開発」『遺伝子医学MOOK35号「ミトコンドリアと病気」』第5章内（2020）〉。

このリー脳症とは、通常は乳幼児期に発症するミトコンドリア病の代表的な疾患で、脳と筋肉に主な症状が現れます。進行度合いは様々ですが、多くは成人を待たずに死亡するといわれている難病です。

治験期間は24週間で、10例の被験者さんを二重盲検期に実薬群、プラセボ群にそれぞれ5例ずつ振り分け、治験薬を12週間投与しました。ちなみに「二重盲検試験」とは、新薬の治験でよく行われる方法です。薬としての作用はない偽薬（プラセボ）と新薬を、どちらも見分けがつかない外見にして被験者に飲んでもらって行う試験のことで、治験の期間は、薬を出す医療側も薬を飲む被験者側も、プラセボか新薬かはわからないようにします。

そして二重盲検期後は、オープン期として、全例に実薬を12週間投与しました。

探索試験においては、残念ながら実薬群及びプラセボ群の両群間で、この主要評価項目である「NPMDS（Newcastle Paediatric Mitochondrial Disease Scale）」の変化量に有意な差は認められませんでしたが、安全性については実薬群とプラセボ群との間に差はないものと結論されました。

探索試験を終了し、希望された被験者さんに対して、その後の長期投与試験も設定されており、原疾患の急速な悪化で死亡された1例を除き、当初探索試験を終了した全9例の方が移行されました。

その後、治験薬の安全性には起因しない理由（アレルギーなど）で2例が中止されましたが、現在も7例に対し治験薬の投与が継続されています。リー脳症が進行性の疾患であることなども考慮して、ALA＋SFCはリー脳症に対して有効性を示す可能性を有するものとの判断がなされ、フェーズIIIに進むことが許されました。

現在（2020年7月時点）実施中のフェーズIII（検証試験：前頁図）は正確には、脳神経症状を中心とするミトコンドリア病（3カ月以上、成人までのリー脳症および「ミトコンドリア脳筋症・高乳酸血症・卒中様発作を伴う症候群（MELAS（メラス）：Mitochondrial myopathy, encephalopathy, lactic acidosis and stroke-like episodes）とリー脳症のオーバーラップ症候群」の患者さん）を対象に、ALA＋SFCを投与した際の有効性及び安全性をプラセボと比較・検討することを目的とした「多施設共同・ランダム化治療中止・プラセボ対照二重盲検並行群間試験」と表記されるものです〈前掲185頁2行目の文献と同〉。

ちなみに「MELASとリー脳症のオーバーラップ症候群」とは、MELASとリー脳症の症状がオーバーラップ（重複）した疾患のことです。MELASとは、脳と筋肉を中心とする症状で多くは15歳未満に発症し、最終的に全身に症状が現れるミトコンドリア病の一つです。治験期間は72週間（実薬投与期24週、二重盲検期48週）で、実薬投与期の登録目標症例数は40例でしたが、54例もの方の参加を得ました。

この治験では、実薬投与期24週間では全ての被験者に対し実薬を投与し、NPMDSのうち神経・筋症状を評価する11項目のいずれかで改善が認められた被験者の方のみが二重盲検期に進みます。

実薬投与期に「有効」とされた神経・筋症状のNPMDSスコアが、二重盲検期の連続する2観察点で続けて悪化した場合に「治験薬の効果が不十分」と判定します。二重盲検期48週時点における「治験薬の効果が不十分」となった被験者の方の割合について実薬投与群とプラセボ投与群で比較し、これを主要評価項目としました。

統計処理はまだこれからですが、これまでのALA＋SFCの研究成果から、大きく期待しています。

ミトコンドリア病患者を抱える家族ができること、私たち医師ができること

ミトコンドリア病は、いかなる症状、いかなる臓器・組織、

何歳でも、そしていかなる遺伝形式でも発病しますが、主な症状はエネルギー（ATP）の生成不全に基づくものです。その頻度は出生5,000人に1人とされる頻度の高い病気で、幼い年齢で発病される患者さんほど重篤な方が多いのも特徴です。現在のところ根本的、根治的な治療法はなく、症状に応じた治療（対症療法）に留まります。

この病気であると診断されたとき、まず身に降りかかった不幸を嘆かれるのは、親として当然のことだと思います。しかしその時期を過ぎたら、必ず前を向いて下さい。そしてまずは同じ境遇の方々（患者会）に連絡を取られることをお勧めします。

主治医を通してでも結構ですし、SNSを通して自分で探されてでもかまいません。同じ障害を持っている方、同じ立場にある仲間どうしによって行われるカウンセリングを「ピアカウンセリング（自立生活運動）」と言います。

ピアカウンセリングは、障害をもつ方々自身が自分自身で支えあって、隔離されることなく、平等に社会に参加していくことを目指しています。ピアカウンセリングでは、お互いに平等な立場で話を聞き合い、きめ細かなサポートによって、地域での自立生活を実現する手助けをします。自立のための具体的な情報が得られるほか、お互いを尊重し合う精神的サポートにもなります。「自分は自分のままでいいんだ」と思えるようになれたら、第1段階が終了です。

続いて患者さんご自身しかできないことがあるということを理解し、さらに前へ進んで下さい。患者レジストリ制度に登録し、新薬治験へも積極的にご協力いただければ、ご自身の生きがい、励みになることは間違いありません。

そのような意味においてALAの治験に参加されている患者さんたちのなかで、印象に残る2家族をご紹介します。

もちろん、治験に参加されている患者さんの経過ですので、ALAに効果があったかどうかについては治験が終わるまで何ら結論づけることはできません。ALA以外の治療も続けて受けられています。治験に参加されたことで、気持ちが少しでも前向きになられたご家族の例をお示しする意図で、あくまでも診療時に得られた所見やご家族からお聞きしたことを述べておりますことを予めおことわりしておきます。

最初の患者さんは、1歳前に発達の遅れに気づかれた女児です。1歳過ぎに脳MRIからリー脳症と診断され、ほぼ寝たきりで表情もなくなり、毎月風邪をひくごとに入院という状態でした。2歳過ぎにALA＋SFCの探索試験に参加してもらい、その後、治験参加の約1年後には、ご住居のある札幌から、私の病院に来て下さいました。「ディズニーランドに行く途中に立ち寄った」とおっしゃっていましたが、「もう1年以上入院していないのです」とおっしゃっていました。何より患者さんご本人はじめ、ご家族の目の輝きがとても美しかったのを記憶しています。

次の患者さんは、やはり1歳前に発達の遅れに気づかれ、1歳過ぎの画像でリー脳症と診断された男児です。2歳過ぎにALA＋SFCの検証試験に参加いただきました。時間の経過とともに、もともとつかまり立ちが出来なかった患者さんが、つかまり歩きが出来るようになりました。そして最も驚いたのは“元気さ”だそうで、もともとあまり元気が無くおとなしいお子さんでしたが、どんどん男の子らしくやんちゃになり、ほぼ1日中動き回っているそうです。このご家族は昨年、厚労省難病対策課に陳情に行った際にも、「患者の実情を身をもって示すため」として、同行して下さいました。

ミトコンドリア病で見られる症状は多彩で、その病態に応じて経験的に用いられる治療を組み合わせて対応するという治療戦略は今後も続くことと考えられます。このような状況下で新しい治療薬に求められるのは、安全であることはもちろんですが、ミトコンドリア病の主症状であるエネルギー（ATP）の生成不全に対して、いかに本質的にアプローチできるかということになります。

ALAを活用した治療薬すなわちALA＋SFCは、これまでの研究から、求められる治療薬の可能性を有しており、今後の臨床試験の結果が大きく期待されます。

最後に患者会の会長さんも含めた私たちのミトコンドリア病研究の世界の仲間たちの写真を示し、本稿の結びとさせていただきます。新薬開発は、医師・研究者と患者さん方との協力がない限り、決して成し遂げることはできないものなのです。

ミトコンドリア病研究の世界の仲間たち（2017年）

左から、木下善仁、Sze Chern Lim、山中雅司（ミトコンドリア病患者・家族の会代表）、David Thorburn、Marni Falk、Vicente Yepez、村 山　圭、Holger Prokisch、筆者、岡﨑康司（四角内）〈敬称略〉。

著者略歴(執筆順)

北尾吉孝(きたお・よしたか)　［はじめに・第1章・第2章］執筆担当

SBIホールディングス代表取締役社長

1951年、兵庫県生まれ。74年、慶應義塾大学経済学部卒業。同年、野村證券入社。78年、英国ケンブリッジ大学経済学部卒業。89年にワッサースタイン・ペレラ・インターナショナル社(ロンドン)常務取締役、91年に野村企業情報取締役、92年より野村證券事業法人三部長。95年、孫正義氏の招聘によりソフトバンク入社、常務取締役に就任。99年にSBIグループを創業、現在にいたる。金融サービス事業・アセットマネジメント事業・バイオ関連事業等を幅広く手掛ける同グループを統轄するほか、また公益財団法人SBI子ども希望財団理事やSBI大学院大学学長もつとめる。著書に『何のために働くのか』(致知出版社)、『実践版　安岡正篤』(プレジデント社)、『進化し続ける経営』(東洋経済新報社)など多数。

「ALAの未来」を考える会　執筆メンバー略歴

田中 徹(たなか・とおる)　［第3章］執筆担当

元SBIファーマ副社長

1961年、岡山県生まれ。少年時代は自然豊かな愛媛県西条市で過ごした。岡山大学理学部大学院修了後、コスモ石油に入社。95年、ALAの生産研究で広島大学より学位(工学博士)を授与される。2001年、技術士(生物工学)登録。08年、コスモ石油を離れ、SBIアラプロモ立ち上げに参加する。SBIファーマの取締役執行役員CTO、代表取締役執行役員副社長を経て、現在は同社の顧問テクニカルアドバイザー。ポルフィリンALA学会学会賞(18年)、バイオベンチャー大賞経済産業大臣賞(17年)。20年までの33年間、ALA研究に人生を捧げてきた。現在は、ネオファーマジャパンにてチーフサイエンティスト、さらにアイクレルファーマ代表取締役社長として活動している。慶應義塾大学特任教授、高知大学客員教授光線医療センター顧問、武蔵野大学客員教授、ポルフィリンALA学会副会長、日本沙漠学会副会長もつとめる。共著に『5-アミノレブリン酸の科学と医学応用』(東京科学同人)などがある。

ウルリッヒ・コシエッサ 　［第4章］執筆担当

SBIファーマ代表取締役 執行役員副社長

1966年、ドイツ連邦共和国ニーダーザクセン州ゲッティンゲン生まれ。93年にゲオルク・アウグスト・ゲッティンゲン大学（ドイツ）で分子生物学の博士号を取得したのち、多国籍製薬企業であるシエーリングAG（現バイエルAG）で3年間博士研究員として、神経科学・神経変性疾患の研究に従事。96年、ドイツの製薬会社メダックに入社し、国際マーケティングや営業の分野でも活躍。その後、2002年に光線力学的療法や診断の活用法を開発する研究会社であるフォトナミックのスピンアウトをサポートし、08年には、メダックのマネージングディレクターに加えて、フォトナミックのCEOに就任。フォトナミックはその後、SBIホールディングスの傘下に入る。18年にはメダックを退社してSBIグループに加わり、現在はフォトナミックのCEO兼SBI アラファーマのCOOを務める。

中島元夫（なかじま・もとお） 　［第5章］執筆担当

SBIファーマ 取締役 執行役員開発本部長

1951年、東京都生まれ。81年に東京大学大学院薬学系研究科博士課程を修了、テキサス大学M.D.アンダーソンがんセンター腫瘍生物学部門・研究員、講師と助教授を歴任して、90年、同センター外科部門神経外科助教授に就任。91年、東京大学応用微生物研究所・助教授に着任。93年には改組により東京大学分子細胞生物学研究所・助教授となる。94年に日本チバガイギー国際科学研究所・生物有機化学部長に就任。さらにチバガイギーとサンドの合併によりできたノバルティスファーマの創薬研究部長、サイエンティフィックエキスパート等を歴任し、2005年にジョンソン・エンド・ジョンソンのCOSATシニアディレクターに就任。10年にはベンチャーファーマのSBIアラプロモの立ち上げに参画し、12年より現職。

渡辺光博（わたなべ・みつひろ） 　［第6章］執筆担当

慶應義塾大学大学院政策・メディア研究科教授
兼環境情報学部、医学部兼担教授

1966年、神奈川県生まれ。東北大学遺伝子実験施設博士前期課程、フランス国立ルイ・パスツール大学分子生物学科博士課程卒。ハーバードメディカルスクール客員研究員、フランス国立科学研究所・分子遺伝細胞生物学研究所博士研究員、国立長寿医療センター分子制御研究室長、慶應義塾大学医学部特任准教授。ヘルスサイエンス、アンチエイジング、代謝疾患、栄養医学、予防医学を専門分野とし、ミトコンドリアと老化制御、胆汁酸を介した治療法の開発などに関するさまざまなプロジェクトを遂行している。ヘルスサイエンス・ラボ代表。2012年より現職。著書に『糖尿病に効く！　胆汁酸健康法』（洋泉社）、『あなたの健康寿命はもっとのばせる！』（日本文芸社）など多数。

伊藤 裕（いとう・ひろし）　［第7章］執筆担当

慶應義塾大学医学部腎臓内分泌代謝内科教授
兼百寿総合研究センター副センター長、糖尿病先制医療センター長

1957年、京都市生まれ。83年に京都大学医学部を卒業、89年に同大学大学院医学研究科博士課程修了。米国ハーバード大学医学部、米国スタンフォード大学医学部循環器内科博士研究員を経て、2002年、京都大学大学院医学研究科臨床病態医科学講座助教授。03年、「メタボリックドミノ」の概念を提唱。06年から慶應義塾大学医学部腎臓内分泌代謝内科教授。15年、慶應義塾大学医学部百寿総合研究センター副センター長（兼任）、日本学術振興会主任研究員（15〜18年）、日本内分泌学会代表理事（15〜19年）、18年から日本高血圧学会理事長、19年から日本心血管内分泌学会理事長、糖尿病先制医療センター長（兼任）、20年から国際高血圧学会副理事長を務める。17年に井村臨床研究賞を受賞。著書に『幸福寿命——ホルモンと腸内細菌が導く100年人生』（朝日新書）、『「超・長寿」の秘密——110歳まで生きるには何が必要か』（祥伝社新書）など多数。

井上啓史（いのうえ・けいじ）　［第8章］執筆担当

高知大学医学部泌尿器科学講座 教授／光線医療センター センター長

1963年、高知県生まれ。高知医科大学（現・高知大学医学部）に入学。89年卒業後、藤田幸利教授主宰の泌尿器科学教室に入局。大学院に入学後、大朏祐治教授主宰の病理学講座にて、降幡睦夫教授の指導の下、学位取得。腫瘍病理学や分子生物学を主とした研究の基礎を学ぶ。95年より、執印太郎教授の指導の下、高知大学医学部泌尿器科学教室にて、臨床および研究の修練を積む。97年より、米国テキサス州立大学MDアンダーソン癌センターに研究留学。癌生物学のIsaiah J Fidler教授および泌尿器科学のColin PN Dinney教授に師事し、腫瘍における血管新生メカニズムの解明および抗血管新生治療の開発を研究。数多くの分子標的治療薬の前臨床試験に携わる。99年に帰国、血管新生関連の研究テーマに加え、2004年より、光線力学に基づく新たな診断法や治療法の研究開発や臨床に注力。16年より現職。

金子貞男（かねこ・さだお）　［第9章］執筆担当

札幌禎心会病院脳神経外科
脳腫瘍研究所所長

1944年、茨城県生まれ。70年、北海道大学医学部卒業。同大病院にて脳神経外科、臨床研修（都留美都雄教授に師事）。弘前大学精神科、秋田大学放射線科で研修。79年、米国オハイオ州立大学に研究員として留学。ここで光線力学医療に初めて出会う。81年に帰国し、北海道大学病院脳神経外科講師。同大電子研究所で朝倉教授、藤井先生にレーザーの基礎を学び、脳腫瘍の光線力学医療の基礎研究を開始。84年6月、悪性脳腫瘍患者に光線力学治療（HPE-PDT）開始。85年より岩見沢市立病院医長、副院長。97年1月、悪性脳腫瘍患者に光線力学診断（ALA-PDD）開始。同年、覚醒下による開頭手術を開始。2003年、柏葉脳神経外科病院院長、理事長。20年より現職。脳神経外科専門医、脳卒中専門医、日本レーザー学会指導医,狩猟免許の資格を持つ。著書に『脳の「がん」に挑む3つの新技術』（ポリッシュ・ワーク）、『「悪性脳腫瘍手術」最前線（YUHISHA Best Doctor Series)』（悠飛社）などがある。

大竹 明（おおたけ・あきら）　［第10章］執筆担当

埼玉医科大学小児科・ゲノム医療科教授／難病センター副センター長

1955年、茨城県生まれ。73年、北海道札幌南高等学校卒業後、千葉大学医学部に入学。79年、卒業後、中島博徳教授主催の千葉大学小児科学教室に入局。82年、千葉大学生化学第2教室で、次いで87年からは熊本大学分子遺伝学教室で森正敬教授に師事し生化学の基礎から分子遺伝学までを学び、88年、“先天性尿素サイクル異常症”に関する仕事で学位を取得。92年より東京都臨床医学総合研究所に移り、“先天性脂肪酸代謝異常症”の研究に従事し2つのヒト酵素cDNAを世界に先駆けて単離。94年に佐々木望教授主催の埼玉医科大学小児科に移動、小児内分泌疾患の診療・研究も始める。2002年、豪州MelbourneのLa Trobe大学、および王立Melbourne小児病院に留学し、“ミトコンドリア病の分子病理と治療法”についての研究を始め、帰国後、07年より同教室教授。10年より岡﨑教授、村山部長とのトロイカ体制で、世界のミトコンドリア病研究センターとしての活動を始め、15年に難病センター副センター長、19年よりゲノム医療科運営責任者を兼担。日本先天代謝異常学会（18年度）学会賞。夢は「基礎と臨床の架け橋」になること。

装幀：印牧真和
カバー写真：iStock.com/SB
編集協力：水野昌彦、株式会社ぷれす

ALA（アラ）が創る未来
「生命の根源物質」でバイオと医療・健康に貢献する

2020年12月10日　第1版第1刷発行

著　者　北尾吉孝 +「ALAの未来」を考える会
発行者　後藤淳一
発行所　株式会社ＰＨＰ研究所
東京本部　〒135-8137　江東区豊洲5-6-52
出版開発部　☎03-3520-9618(編集)
普及部　☎03-3520-9630(販売)
京都本部　〒601-8411　京都市南区西九条北ノ内町11
PHP INTERFACE　https://www.php.co.jp/
組　版　朝日メディアインターナショナル株式会社
印刷所　図書印刷株式会社
製本所　図書印刷株式会社

ISBN978-4-569-84766-5